2016年度省级质量工程项目“会计密码
（项目编号：2016mooc172）

会计学原理一体化实战演练

——基于原始凭证再现企业发生的交易事项

许仁青◎著

安徽师范大学出版社
·芜湖·

图书在版编目(CIP)数据

会计学原理一体化实战演练：基于原始凭证再现企业发生的交易事项 / 许仁青著. — 芜湖：安徽师范大学出版社，2018.1

ISBN 978-7-5676-3050-5

Ⅰ.①会… Ⅱ.①许… Ⅲ.①会计学－师范大学－教材 Ⅳ.①F230

中国版本图书馆CIP数据核字(2017)第163562号

KUAIJI XUE YUANLI YITI HUA SHIZHAN YANLIAN——JIYU YUANSHI PINGZHENG ZAIXIAN QIYE FASHENG DE JIAOYI SHIXIANG

会计学原理一体化实战演练——基于原始凭证再现企业发生的交易事项

许仁青　著

责任编辑：王一澜
装帧设计：王　彤
出版发行：安徽师范大学出版社
芜湖市九华南路189号安徽师范大学花津校区
网　　址：http://www.ahnupress.com/
发 行 部：0553-3883578　5910327　5910310(传真)
印　　刷：安徽芜湖新华印务有限责任公司
版　　次：2018年1月第1版
印　　次：2018年1月第1次印刷
规　　格：889 mm × 1194 mm　1/16
印　　张：7
字　　数：150千字
书　　号：ISBN 978-7-5676-3050-5
定　　价：32.90元

前　　言

《会计学原理一体化实战演练——基于原始凭证再现企业发生的交易事项》一书得以付印，首先要衷心感谢马鞍山市联光电源制造厂无私向我们提供了大量原始凭证；其次要感谢张廷龙教授的鼓励与大力支持和冷昕博士的帮助；最后要衷心感谢高级会计师孙延利同志给本书提供的宝贵修改意见。

由于原始凭证不易获取，目前已出版的“会计学原理”手工实训大多是模拟实训，以经济业务的文字表述代替原始凭证，是从理论到理论的训练，缺乏真实感，学生即使经过手工模拟实训，在实际操作中还是感到困难重重。以原始凭证进行手工实战演练是本书的亮点和特色，学生通过这种练习，可以提高自己在实际工作中的操作能力，体会到理论的严谨性、实践的丰富性，意识到会计专业从业人员的工作水平对会计信息质量有极大的影响。

希望学生通过学习本书，能切实提高会计从业技巧，克服眼高手低的毛病，毕业后能胜任所在单位的会计工作。

本书是“会计密码解读”（2016年度省级质量工程项目）的建设成果之一，也是安徽师范大学经济管理学院院级精品课程“会计学原理”的建设成果之一。

在成书过程中，我们对其中数据反复斟酌并数易其稿，但由于水平有限，书中不当之处在所难免，恳请读者批评、指正。读者在填制“记账凭证”的过程中，可根据需要自行购买“记账凭证”使用。

特别说明：因为原始凭证涉及商业秘密，我们对书中的某些信息进行了技术处理，恳请读者理解。

许仁青

2017年9月

编 辑 说 明

为了便于读者阅读、使用，我们重新制作了出现在本书中的原始票据，但由于多方面的原因，我们制作的票据在字体、字号、格式等方面和原始票据均有出入，我们只能传其意，未能现其形，敬请读者包涵。

表1-2

商品出库单

购货单位：

仓　　库：　　　　　　　　　　年　　月　　日　　　　编号：

货物或应税劳务名称	规格型号	单位	数 量	单 价	金 额	税率	税 额
合 计							

主管：　　　　记账：　　　　仓库保管：　　　　经办：

2. 2014年12月21日，联光为B市UK利民公司兴达分公司（地址：A省B市C区D街道100号，电话：000-12345678，税务登记号：340504×××218520，开户银行：××银行××分行××支行，银行账号：1234567890000000））修理一台空调，单价3 905.982 906元，增值税税率为17%，税额为664.02元，货款暂未收到。开票人：熊德洲。

请填写增值税专用发票（应税劳务）（表1-3）。

表1-3

安徽增值税专用发票

3400134140　　　　　　　　　　　　　　No 00376503

此联不作报销、扣税凭证使用

开票日期：

购货单位	名 称： 纳税人识别号： 地 址 、电 话： 开户行及账号：	密码区	略

货物或应税劳务名称	规格型号	单位	数 量	单 价	金 额	税率	税 额
合 计							
价税合计（大写）					（小写）		

货款未收章

销货单位	名 称： 纳税人识别号： 地 址 、电 话： 开户行及账号：	备注	马鞍山市联光电源制造厂 340502705063466 发票专用章

收款人：　　　　复核：　　　　开票人：　　　　销货单位：（章）

税总函［2014］10号中钞光华印制有限公司

第一联：记账联　销货方记账凭证

3. 2014年12月20日，联光向B市TTK轮胎有限责任公司（地址：A省B市C区D街道100号，电话：000-12345678，税务登记号：340503×××974000，开户银行：××银行××分行××支行，开户账号：1234567890000000）购进轮胎2条，单价为512.820 512 82元，金额为1 025.64元，税率为17%，税额为174.36元，开出一张为期6个月的银行承兑汇票（表1-4）结算货款。开票人：熊德洲。

请填写银行承兑汇票（出票人存查联）（表1-4）、商品入库单（表1-5）。发票明细参见表1-6。

表1-4

银行承兑汇票（存根）3

汇票号码：7854622

出票日期（大写）　　年　　月　　日

<table>
<tr><td>出票人全称</td><td colspan="2"></td><td rowspan="3">收款人</td><td>全　称</td><td colspan="10"></td></tr>
<tr><td>出票人账号</td><td colspan="2"></td><td>账　号</td><td colspan="10"></td></tr>
<tr><td>付款行全称</td><td colspan="2"></td><td>开户银行</td><td colspan="10"></td></tr>
<tr><td rowspan="2">出票金额</td><td colspan="4" rowspan="2">人民币
（大写）</td><td>千</td><td>百</td><td>十</td><td>万</td><td>千</td><td>百</td><td>十</td><td>元</td><td>角</td><td>分</td></tr>
<tr><td></td><td></td><td></td><td></td><td></td><td></td><td></td><td></td><td></td><td></td></tr>
<tr><td>汇票到期日
（大写）</td><td></td><td rowspan="2">付款人
开户行</td><td colspan="2">行号</td><td colspan="10"></td></tr>
<tr><td>承兑协议编号</td><td></td><td colspan="2">地址</td><td colspan="10"></td></tr>
<tr><td colspan="2">备注：本汇票已经承兑，到期日无条件支付票款</td><td colspan="13">本汇票请予以承兑到期日付款。</td></tr>
</table>

此联由出票人存查

马鞍山农村商业银行 幸福分理处 2014.12.20 业务清讫章 (1)

收款人：　　　复核：　　　开票人：　　　销货单位：（章）

B市TTK轮胎有限责任公司 340503XXX974000 发票专用章

表1-5

商品入库单

供货单位：

仓　　库：　　　　年　　月　　日　　　编号：

货物或应税劳务名称	规格型号	单位	数量	单价	金额	税率	税额
合计							

主管：　　　记账：　　　仓库保管：　　　经办：

表1-10

马鞍山农村商业银行　电汇凭证(汇款依据) 3

☐普通　☐加急　　　　　　　　委托日期　　年　　月　　日

汇款人	全　称		收款人	全　称	
	账　号			账　号	
	汇出地点	省　　市/县		汇入地点	省　　市/县
汇出行名称			汇入行名称		
金额	人民币（大写）：			千 百 十 万 千 百 十 元 角 分	
上述款项已根据委托办理，如需查询，请持此证来行面洽		汇出行差率	自付密码		
			附加信息及用途：		
			马鞍山农村商业银行 幸福分理处 ★ 2014.12.30 ★ 业务清讫章 (1)	复核：	记账：

此联汇出行凭以汇出汇款

实训二　练习记账凭证的填制和审核

(一)目的

掌握根据原始凭证填制记账凭证的方法并进行审核。

(二)资料及要求

本实训中使用通用记账凭证(表2-1)。

表2-1

记 账 凭 证

年　　月　　日　　　　　　　　会字第＿号

摘　要	总账科目	明细科目	√	借方										贷方									
				千	百	十	万	千	百	十	元	角	分	千	百	十	万	千	百	十	元	角	分
合　　计																							

附件　张

财会主管：　　记账：　　出纳：　　复核：　　制单：

2014年12月份，联光发生的有关交易事项如下：

1. 2014年12月1日，联光上月以预付货款的方式从B市AK电机厂有限公司购进的3台电机验收入库。价款32 905.98元，增值税进项税额5 594.02元，价税合计38 500.00元。请填制记账凭证(表2-2)，相关数据参见表2-3、2-4。

表2-2

记账凭证

年　月　日　　　　会字第 1 号

摘要	总账科目	明细科目	√	借方 千	百	十	万	千	百	十	元	角	分	贷方 千	百	十	万	千	百	十	元	角	分
合　计																							

附件　张

财会主管：　记账：　出纳：　复核：　制单：

表2-3

安徽增值税专用发票

3100142170　　　No 00985979　3100142170 00985979

发 票 联

开票日期：2014年11月12日

购货单位	名称：马鞍山市联光电源制造厂 纳税人识别号：340502705063466 地址、电话：马鞍山市恒兴路49号 0555-2817071 开户行及账号：农商行幸福分理处20000032429110300000106	密码区	略

货物或应税劳务名称	规格型号	单位	数量	单价	金额	税率	税额
电机(单)	YZR280S-6 55kW	台	1	11 538.461 538	11 538.46	17%	1 961.54
电机(单)	YZR315M-10 75kW	台	1	18 803.418 803	18 803.42	17%	3 196.58
电机(双)	YZR160M2-6 7.5kW	台	1	2 564.102 564 1	2 564.10	17%	435.90
合　计					¥ 32 905.98		¥ 5 594.02
价税合计(大写)	⊗ 叁万捌仟伍佰元整				（小写） ¥ 38 500.00		

销货单位	名称：B市AK电机厂有限公司 纳税人识别号：310113XXX438567 地址、电话：A省B市C区D街道100号 000-12345678 开户行及账号：XX银行XX分行XX支行1234567890000000	备注	卡收

收款人：　复核：　开票人：张群　销货单位：(章)

税总函[2014]10号上海印钞有限公司

第三联：发票联 购货方记账凭证

表2-4

商品入库单

供货单位：B市AK电机厂有限公司

仓　　库：　　　　　　　　　　　　2014年12月01日　　　　　　　　　　编号：001

货物或应税劳务名称	规格型号	单位	数　量	单　价	金　额	税率	税　　额
电机（单）	YZR280S-6 55kW	台	1	11 538.46	11 538.46	17%	1 961.54
电机（单）	YZR315S-10 75kW	台	1	18 803.42	18 803.42	17%	3 196.58
电机（双）	YZR3160M2-6 7.5kW	台	1	2 564.10	2 564.10	17%	435.90
合　　计					¥32 905.98		¥5 594.02

主管：　　　　　　记账：　　　　　　仓库保管：徐星　　　　　　经办：许可

2. 2014年12月1日，联光上月以预付货款的方式从B市CK汽车配件贸易有限公司购进的三冠电池一批验收入库。价款32 290.60元，增值税进项税额5 489.40元，价税合计37 780.00元。请填制记账凭证（表2-5），相关数据参见表2-6、2-7、2-8、2-9、2-10、2-11、2-12、2-13。

表2-5

记 账 凭 证

年　　月　　日　　　　　　　　　　　　会字第2号

摘　要	总账科目	明细科目	√	借　方										贷　方									
				千	百	十	万	千	百	十	元	角	分	千	百	十	万	千	百	十	元	角	分
合　　计																							

附件　张

财会主管：　　　　记账：　　　　出纳：　　　　复核：　　　　制单：

表 2-6

安徽增值税专用发票

3400142140　　　　发　票　联　　　　№ 00320956　3400142140 00320956

开票日期：2014 年 11 月 15 日

购货单位	名　　称：马鞍山市联光电源制造厂 纳税人识别号：340502705063466 地 址 、电 话：马鞍山市恒兴路 49 号 0555-2817071 开户行及账号：农商行幸福分理处 20000032429110300000106				密码区	略	
货物或应税劳务名称	规格型号	单位	数量	单价	金额	税率	税额
三冠电池	6-QW-150(800)	只	16	393.162 393 16	6 290.60	17%	1 069.40
三冠电池	54017C	只	10	205.128 205 13	2 051.28	17%	348.72
合　　计					¥ 8 341.88		¥ 1 418.12
价税合计（大写）	⊗ 玖仟柒佰陆拾元整			（小写）¥ 9 760.00			
销货单位	名　　称：B 市 CK 汽车配件贸易有限公司 纳税人识别号：340503XXX954593 地 址 、电 话：A 省 B 市 C 区 D 街道 100 号 000-12345678 开户行及账号：XX 银行 XX 分行 XX 支行 1234567890000000				备注	卡收	

收款人：　　　　复核：　　　　开票人：张丽秀　　　　销货单位：（章）

表 2-7

安徽增值税专用发票

3400142140　　　　发　票　联　　　　№ 00320957　3400142140 00320957

开票日期：2014 年 11 月 15 日

购货单位	名　　称：马鞍山市联光电源制造厂 纳税人识别号：340502705063466 地 址 、电 话：马鞍山市恒兴路 49 号 0555-2817071 开户行及账号：农商行幸福分理处 20000032429110300000106				密码区	略	
货物或应税劳务名称	规格型号	单位	数量	单价	金额	税率	税额
三冠电池	6-QW-48(430)	只	7	196.581 196 58	1 376.07	17%	233.93
三冠电池	6-QA-200	只	4	500.00	2 000.00	17%	340.00
三冠电池	6-QW-135(800)	只	6	405.982 905 98	2 435.90	17%	414.10
合　　计					¥ 5 811.97		¥ 988.03
价税合计（大写）	⊗ 陆仟捌佰元整			（小写）¥ 6 800.00			
销货单位	名　　称：B 市 CK 汽车配件贸易有限公司 纳税人识别号：340503XXX954593 地 址 、电 话：A 省 B 市 C 区 D 街道 100 号 000-12345678 开户行及账号：XX 银行 XX 分行 XX 支行 1234567890000000				备注	卡收	

收款人：　　　　复核：　　　　开票人：张丽秀　　　　销货单位：（章）

税总函[2014]10号中钞光华印钞有限公司

第三联：发票联　购货方记账凭证

表 2-8

安徽增值税专用发票

3400134140　　　　发　票　联　　　　No 03165514　　3400134140 03165514

开票日期:2014 年 11 月 15 日

购货单位	名　　称:马鞍山市联光电源制造厂 纳税人识别号:340502705063466 地 址 、电 话:马鞍山市恒兴路 49 号 0555-2817071 开户行及账号:农商行幸福分理处 20000032429110300000106				密码区	略	
货物或应税劳务名称	规格型号	单位	数 量	单 价	金　额	税率	税　额
三冠电池	65012	只	10	397.435 897 44	3 974.36	17%	675.64
三冠电池	6-QW-54(460)	只	23	222.222 222 22	5 111.11	17%	868.89
合　计					¥ 9 085.47		¥ 1 544.53
价税合计(大写)	⊗ 壹万零陆佰叁拾元整				(小写) ¥ 10 630.00		
销货单位	名　　称:B 市 CK 汽车配件贸易有限公司 纳税人识别号:340503XXX954593 地 址 、电 话:A 省 B 市 C 区 D 街道 100 号 000-12345678 开户行及账号:XX 银行 XX 分行 XX 支行 1234567890000000				备注	卡收	

收款人:　　　　复核:　　　　开票人:张丽秀　　　　销货单位:(章)

表 2-9

安徽增值税专用发票

3400134140　　　　发　票　联　　　　No 03165515　　3400134140 03165515

开票日期:2014 年 11 月 15 日

购货单位	名　　称:马鞍山市联光电源制造厂 纳税人识别号:340502705063466 地 址 、电 话:马鞍山市恒兴路 49 号 0555-2817071 开户行及账号:农商行幸福分理处 20000032429110300000106				密码区	略	
货物或应税劳务名称	规格型号	单位	数 量	单 价	金　额	税率	税　额
三冠电池	6-QW-80(622)	只	15	247.863 247 86	3 717.95	17%	632.05
三冠电池	6-QW-165(850)	只	12	444.444 444 44	5 333.33	17%	906.67
合　计					¥ 9 051.28		¥ 1 538.72
价税合计(大写)	⊗ 壹万零伍佰玖拾元整				(小写) ¥ 10 590.00		
销货单位	名　　称:B 市 CK 汽车配件贸易有限公司 纳税人识别号:340503XXX954593 地 址 、电 话:A 省 B 市 C 区 D 街道 100 号 000-12345678 开户行及账号:XX 银行 XX 分行 XX 支行 1234567890000000				备注	卡收	

收款人:　　　　复核:　　　　开票人:张丽秀　　　　销货单位:(章)

税总函[2013]248 号深圳光华印钞有限公司

税总函[2014]10 号深圳光华印制有限公司

第三联:发票联　购货方记账凭证

第三联:发票联　购货方记账凭证

表2-10

商品入库单

供货单位:B市CK汽车配件有限公司

仓　　库:　　　　　　　　　　2014年12月01日　　　　　　　　　　编号:002

货物或应税劳务名称	规格型号	单位	数 量	单 价	金　额	税率	税　　额
三冠电池	6-QW-150(800)	只	16	393.16	6 290.60	17%	1 069.40
三冠电池	54017C	只	10	205.13	2 051.28	17%	348.72
合　　计					¥8 341.88		¥1 418.12

主管:　　　　记账:　　　　仓库保管:徐星　　　　经办:许可

表2-11

商品入库单

供货单位:B市CK汽车配件有限公司

仓　　库:　　　　　　　　　　2014年12月01日　　　　　　　　　　编号:003

货物或应税劳务名称	规格型号	单位	数 量	单 价	金　额	税率	税　　额
三冠电池	6-QW-48 (430)	只	7	196.58	1 376.07	17%	233.93
三冠电池	6-QA-200	只	4	500.00	2 000.00	17%	340.00
三冠电池	6-QW-135(800)	只	6	405.98	2 435.90	17%	414.10
合　　计					¥5 811.97		¥988.03

主管:　　　　记账:　　　　仓库保管:徐星　　　　经办:许可

表2-12

商品入库单

供货单位:B市CK汽车配件有限公司

仓　　库:　　　　　　　　　　2014年12月01日　　　　　　　　　　编号:004

货物或应税劳务名称	规格型号	单位	数 量	单 价	金　额	税率	税　　额
三冠电池	65012	只	10	397.436	3 974.36	17%	675.64
三冠电池	6-QW-54(460)	只	23	222.222	5 111.11	17%	868.89
合　　计					¥9 085.47		¥1 544.53

主管:　　　　记账:　　　　仓库保管:徐星　　　　经办:许可

表 2-13

商品入库单

供货单位:B市CK汽车配件有限公司

仓　　库:　　　　　　　　　　2014年12月01日　　　　　　　　　　编号:005

货物或应税劳务名称	规格型号	单位	数 量	单 价	金 额	税率	税 额
三冠电池	6-QW-80(622)	只	15	247.86	3 717.95	17%	632.05
三冠电池	6-QW-165(850)	只	12	444.44	5 333.33	17%	906.67
合 计					¥9 051.28		¥1 538.72

主管:　　　　　　记账:　　　　　　仓库保管:徐星　　　　　　经办:许可

3. 2014年12月1日,联光上月以预付货款的方式从B市DK科技股份有限公司购进的刀片螺丝验收入库。价款923.08元,增值税进项税额156.92元,价税合计1 080.00元。请填制记账凭证(表2-14),相关数据参见表2-15、2-16。

表 2-14

记 账 凭 证

年　　月　　日　　　　　　　　　　会字第 3 号

摘 要	总账科目	明细科目	√	借 方										贷 方									
				千	百	十	万	千	百	十	元	角	分	千	百	十	万	千	百	十	元	角	分
合 计																							

附件　张

财会主管:　　　　记账:　　　　出纳:　　　　复核:　　　　制单:

表2-15

江苏增值税专用发票

3200142170　　　　发票联　　　　No 01752934　3200142170 01752934

开票日期：2014年11月26日

购货单位	名称：马鞍山市联光电源制造厂 纳税人识别号：340502705063466 地址、电话：马鞍山市恒兴路49号 0555-2817071 开户行及账号：农商行幸福分理处2000003242911030000106	密码区	略

货物或应税劳务名称	规格型号	单位	数量	单价	金额	税率	税额
刀片螺丝	6-QW-150(800)	根	12	76.923 076 923	923.08	17%	156.92
合计					¥923.08		¥156.92
价税合计(大写)	⊗ 壹仟零捌拾元整			(小写) ¥1 080.00			

销货单位	名称：B市DK科技股份有限公司 纳税人识别号：320281XXX860088 地址、电话：A省B市C区D街道100号 000-12345678 开户行及账号：XX银行XX分行XX支行1234567890000000	备注	卡收 B市DK科技股份有限公司 320281XXX860088 发票专用章

收款人：　　　　复核：　　　　开票人：李红萍　　　　销货单位：(章)

税总函[2014]10号中钞光华印制有限公司

第三联：发票联 购货方记账凭证

表2-16

商品入库单

供货单位：B市DK科技股份有限公司

仓　　库：　　　　2014年12月01日　　　　编号：006

货物或应税劳务名称	规格型号	单位	数量	单价	金额	税率	税额
刀片螺丝	6-QW-150(800)	根	12	76.92	923.08	17%	156.92
合计					¥923.08		¥156.92

主管：　　　　记账：　　　　仓库保管：徐星　　　　经办：许可

4. 2014年12月1日，联光从B市AK电机厂有限公司购进的一台电机验收入库。价款11 111.11元，增值税进项税额1 888.89元，价税合计13 000.00元。该笔业务通过银行存款转账支付。请填制记账凭证(表2-17)，相关数据参见表2-18、2-19。

表2-17

记 账 凭 证

年 月 日 会字第 4 号

摘 要	总账科目	明细科目	√	借方 千	百	十	万	千	百	十	元	角	分	贷方 千	百	十	万	千	百	十	元	角	分
合 计																							

附件 张

财会主管： 记账： 出纳： 复核： 制单：

表2-18

上海增值税专用发票

3100142170 发 票 联 No 00988871 3200142170 00988871

全国统一发票监制章 上海 国家税务总局监制

开票日期：2014年12月01日

购货单位	名 称：马鞍山市联光电源制造厂 纳税人识别号：340502705063466 地 址 、电 话：马鞍山市恒兴路49号 0555-2817071 开户行及账号：农商行幸福分理处20000032429110300000106					密码区	略
货物或应税劳务名称	规格型号	单位	数 量	单 价	金 额	税率	税 额
电机(单)	YZR200L-8 15kW	台	2	5 555.555 555 6	11 111.11	17%	1 888.89
合 计					¥11 111.11		¥1 888.89
价税合计(大写)	⊗ 壹万叁仟元整			(小写) ¥13 000.00			
销货单位	名 称：B市AK电机厂有限公司 纳税人识别号：310113XXX438567 地 址 、电 话：A省B市C区D街道100号 000-12345678 开户行及账号：XX银行XX分行XX支行1234567890000000				备注	卡收	

B市AK电机厂有限公司 310113XXX438567 发票专用章

收款人： 复核： 开票人：张群 销货单位：(章)

税总函[2014]10号上海印制有限公司

第三联：发票联 购货方记账凭证

表 2-19

商品入库单

供货单位：B 市 AK 电机厂有限公司

仓　　库：　　　　　　　　　　2014 年 12 月 01 日　　　　　　　　　　编号：007

货物或应税劳务名称	规格型号	单位	数量	单价	金额	税率	税额
电机(单)	YZR200L-8 15kW	台	2	55 555.555 556	11 111.11	17%	1 888.89
合　计					¥11 111.11		¥1 888.89

主管：　　　　记账：　　　　仓库保管：徐星　　　　经办：许可

5. 2014 年 12 月 7 日，联光向 B 市 EK 电气修造有限公司销售商品，不含税收入 27 577.71 元，增值税税率 17%，增值税税额 4 688.21 元，价税合计 32 265.92 元。尚未收到货款。请填制记账凭证（表 2-20），相关数据参见表 2-21、2-22（销货清单略）。

表 2-20

记 账 凭 证

年　　月　　日　　　　　　　　　　会字第 5 号

摘要	总账科目	明细科目	√	借方										贷方									
				千	百	十	万	千	百	十	元	角	分	千	百	十	万	千	百	十	元	角	分
合　计																							

附件　张

财会主管：　　　　记账：　　　　出纳：　　　　复核：　　　　制单：

表2-21

安徽增值税专用发票

3400134140　　　　No　03243265

此联不作报销、扣税凭证使用

开票日期：2014年12月07日

购货单位	名　　称：B市EK电气修造有限公司 纳税人识别号：340506XXX719550 地址、电话：A省B市C区D街道100号　000-12345678 开户行及账号：XX银行XX分行XX支行1234567890000000	密码区	略

货物或应税劳务名称	规格型号	单位	数量	单价	金额	税率	税额
（见销货清单）					27 577.71	17%	4 688.21
合　计					￥27 577.71		￥4 688.21
价税合计（大写）	⊗叁万贰仟贰佰陆拾伍元玖角贰分				（小写）￥32 265.92		

销货单位	名　　称：马鞍山市联光电源制造厂 纳税人识别号：340502705063466 地址、电话：马鞍山市恒兴路49号　0555-2817071 开户行及账号：农商行幸福分理处20000032429110300000106	备注	卡收 马鞍山市联光电源制造厂 340502705063466 发票专用章

收款人：　　　复核：　　　开票人：熊德洲　　　销货单位：（章）

税总函[2013]248号深圳光华印制有限公司

第一联：记账联　销货方记账凭证

表2-22

商品出库单

购货单位：B市EK电气修造有限公司

仓　　库：　　　　2014年12月07日　　　　编号：01

货物或应税劳务名称	规格型号	单位	数量	单价	金额	税率	税额
见销货清单					27 577.71	17%	4 688.21
合　计					￥27 577.71		￥4 688.21

主管：　　　记账：　　　仓库保管：徐星　　　经办：徐瑞

6. 2014年12月10日，联光出纳熊德洲从银行提现150 000.00元，用于发放上月职工工资。请填制记账凭证（表2-23），相关数据参见表2-24。

表2-23

记账凭证

年　月　日　　　　会字第6号

摘要	总账科目	明细科目	√	借方 千	百	十	万	千	百	十	元	角	分	贷方 千	百	十	万	千	百	十	元	角	分
合计																							

附件　张

财会主管：　记账：　出纳：　复核：　制单：

表2-24

马鞍山农村商业银行
MAANSHAN RURAL COMMERCIAL BANK

进账单（回　单）1

2014年12月10日

出票人	全称	马鞍山市联光电源制造厂	收款人	全称	熊德洲
	账号	20000032429110300000106		账号	6229538101701604601
	开户银行	农商行幸福分理处		开户银行	农商行向山支行
金额	人民币（大写）	壹拾伍万元整		亿 千 百 十 万 千 百 十 元 角 分	¥ 1 5 0 0 0 0 0 0
票据种类		票据张数			
票据张数					

复核：　记账：

马鞍山农村商业银行 幸福分理处 ★ 2014.12.12 ★ 业务清讫章 （1）

收款人开户银行签章

第一联 开户银行交给持（出）票人的回单

皖农信·瑞尔·030-1/3

7. 2014年12月12日，联光收到B市IK废钢有限责任公司上月购买的备件款50 732.37元，存进银行。请填制记账凭证（表2-25），相关数据参见2-26。

表 2-25

记 账 凭 证

年　　月　　日　　　　　　　　　　　　会字第 7 号

摘　要	总账科目	明细科目	√	借　方										贷　方									
				千	百	十	万	千	百	十	元	角	分	千	百	十	万	千	百	十	元	角	分
合　　计																							

附件　张

财会主管：　　记账：　　出纳：　　复核：　　制单：

表 2-26

中国人民银行　支付系统专用凭证　No 200063998917

机构名称：马鞍山农商行幸福分理处　　2014年12月11日　　流水号：9940007346

委托日期：2014年12月11日　　报文类型：客户发起　　业务类型：普通汇兑
业务种类：普通汇兑　　报单序号：000003101822　　优先级别：一般
支付交易序号：42868670　　入/挂账标志：入账　　待销账序号：
付款人账号：1234567890000000
付款人名称：B市IK废钢有限责任公司
发起行行号：319365000166　　徽商银行股份有限公司马鞍山分行营业部
收款人账号：20000032429110300000106
收款人名称：马鞍山市联光电源制造厂
金额(大写)：人民币伍万零柒佰叁拾贰元叁角柒分　　(小写)：¥ 50 732.37
附言：付11月备件款

会计分录　　借：303
　　　　　　贷：2001

马鞍山农村商业银行
幸福分理处
★ 2014.12.12 ★
业务清讫章
(1)

第1次打印，注意重复！打印日期：2014-12-12
复核：　　记账：

第二联　作客户通知单　　会计　　复核　　记账

8. 2014年12月12日，联光向B市OK水泥有限责任公司销售商品一批，不含税收入金额758.98元，增值税税率17%，增值税税额129.02元，价税合计888.00元，尚未收到货款。请填制记账凭证(表2-27)，相关数据参见表2-28、2-29。

表 2-27

记 账 凭 证

年　　月　　日　　　　　　　　　　　　会字第 8 号

摘　要	总账科目	明细科目	√	借　方										贷　方									
				千	百	十	万	千	百	十	元	角	分	千	百	十	万	千	百	十	元	角	分
合　　计																							

附件　张

财会主管：　　　　记账：　　　　出纳：　　　　复核：　　　　制单：

表 2-28

安徽增值税专用发票

3400142140　　　　　　　　　　　　No 00376499

全国统一发票监制章 安徽 国家税务总局监制

此联不作报销、扣税凭证使用

开票日期：2014 年 12 月 12 日

购货单位	名　　称：B 市 OK 水泥有限责任公司 纳税人识别号：340502XXX833283 地 址 、电 话：A 省 B 市 C 区 D 街道 100 号 000-12345678 开户行及账号：XX 银行 XX 分行 XX 支行 1234567890000000	密码区	略

货物或应税劳务名称	规格型号	单位	数 量	单 价	金　额	税率	税　额
空调维修人工费	包含清洗、备件安装	台	1	170.940 170 94	170.94	17%	29.06
空调内机主板	焊接、空调温度传感器	块	1	170.940 170 94	170.94	17%	29.06
空调维修人工费	KFR-2/SDY-82(E)	台	1	170.940 170 94	170.94	17%	29.06
氟利昂	R22	千克	6	19.858 119 658	117.95	17%	20.05
空调内机主板	KFR-35W-D118	只	1	128.205 128 21	128.21	17%	21.79
合　计					¥758.98		¥129.02
价税合计（大写）	⊗ 捌佰捌拾捌元整			（小写）	¥888.00		

销货单位	名　　称：马鞍山市联光电源制造厂 纳税人识别号：340502705063466 地 址 、电 话：马鞍山市恒兴路 49 号 0555-2817071 开户行及账号：农商行幸福分理处 20000032429110300000106	备注	马鞍山市联光电源制造厂 340502705063466 发票专用章

收款人：　　　　复核：　　　　开票人：熊德洲　　　　销货单位：(章)

税总函[2014]10号中钞光华印制有限公司

第一联：记账联　销货方记账凭证

表2-29

商品出库单

购货单位:B市OK水泥有限责任公司

仓　　库:　　　　　　　　　　　2014年12月12日　　　　　　　　　编号:02

货物或应税劳务名称	规格型号	单位	数 量	单 价	金 额	税率	税 额
空调维修人工费	备件安装	台	1	170.94	170.94	17%	29.06
空调内机主板	KFR-2/SDY-82(E)	块	1	170.94	170.94	17%	29.06
空调维修人工费	焊接费用	台	1	170.94	170.94	17%	29.06
氟利昂	R22	千克	6	19.86	117.95	17%	20.05
空调内机主板	KFR-35W-D118	只	1	128.21	128.21	17%	21.79
合　计					¥758.98		¥129.02

主管:　　　　　　记账:　　　　　　仓库保管:徐星　　　　　　经办:徐瑞

9. 2014年12月12日,联光向PK(集团)控股有限公司南山矿业公司销售蓄电池10个,不含税金额12 478.63元,增值税税率17%,增值税税额2 121.37元;销售200米风压胶管,不含税金额26 495.73元,增值税税额4 504.27元;销售高压钢丝编织管200米,不含税金额74 700.85元,增值税税额12 699.15元。以上商品价税合计133 000.00元,尚未收到货款。请填制记账凭证(表2-30),相关数据参见表2-31、2-32、2-33、2-34、2-35、2-36。

表2-30

记 账 凭 证

年　　月　　日　　　　　　　　　　　　会字第9号

摘　要	总账科目	明细科目	√	借方										贷方									
				千	百	十	万	千	百	十	元	角	分	千	百	十	万	千	百	十	元	角	分
合　　计																							

附件　　张

财会主管:　　　　记账:　　　　出纳:　　　　复核:　　　　制单:

表 2-31

安徽增值税专用发票

3400142140　　　　No 00376498

此联不作报销、扣税凭证使用

开票日期:2014年12月12日

税总函[2014]10号中钞光华印制有限公司

购货单位	名　　称:PK(集团)控股有限公司南山矿业公司 纳税人识别号:340504XXX509487 地 址 、电 话:A省B市C区D街道100号 000-12345678 开户行及账号:XX银行XX分行XX支行1234567890000000			密码区	略		
货物或应税劳务名称	规格型号	单位	数 量	单 价	金 额	税率	税 额
蓄电池	6QA-200S	只	10	1 247.863 247 9	12 478.63	17%	2 121.37
合　计					¥12 478.63		¥2 121.37
价税合计(大写)	⊗ 壹万肆仟陆佰元整			(小写) ¥14 600.00			
销货单位	名　　称:马鞍山市联光电源制造厂 纳税人识别号:340502705063466 地 址 、电 话:马鞍山市恒兴路49号 0555-2817071 开户行及账号:农商行幸福分理处20000032429110300000106			备注	马鞍山市联光电源制造厂 340502705063466 发票专用章		

第一联:记账联 销货方记账凭证

收款人:　　复核:　　开票人:熊德洲　　销货单位:(章)

表 2-32

安徽增值税专用发票

3400142140　　　　No 00376497

此联不作报销、扣税凭证使用

开票日期:2014年12月12日

税总函[2014]10号中钞光华印制有限公司

购货单位	名　　称:PK(集团)控股有限公司南山矿业公司 纳税人识别号:340504XXX509487 地 址 、电 话:A省B市C区D街道100号 000-12345678 开户行及账号:XX银行XX分行XX支行1234567890000000			密码区	略		
货物或应税劳务名称	规格型号	单位	数 量	单 价	金 额	税率	税 额
风压胶管	10m/根加厚钢丝 Φ76	米	200	132.478 632 48	26 495.73	17%	4 504.27
合　计					¥26 495.73		¥4 504.27
价税合计(大写)	⊗ 叁万壹仟元整			(小写) ¥31 000.00			
销货单位	名　　称:马鞍山市联光电源制造厂 纳税人识别号:340502705063466 地 址 、电 话:马鞍山市恒兴路49号 0555-2817071 开户行及账号:农商行幸福分理处20000032429110300000106			备注	马鞍山市联光电源制造厂 340502705063466 发票专用章		

第一联:记账联 销货方记账凭证

收款人:　　复核:　　开票人:熊德洲　　销货单位:(章)

表2-33

安徽增值税专用发票

3400142140　　　　No 00376496

此联不作报销、扣税凭证使用

开票日期:2014年12月12日

购货单位	名称:PK(集团)控股有限公司南山矿业公司 纳税人识别号:340504XXX509487 地址、电话:A省B市C区D街道100号 000-12345678 开户行及账号:XX银行XX分行XX支行1234567890000000	密码区	略

货物或应税劳务名称	规格型号	单位	数量	单价	金额	税率	税额
高压钢丝编织管	Φ200×10(两头带法兰)	米	200	373.504 273 5	74 700.85	17%	12 699.15
合计					¥74 700.85		¥12 699.15
价税合计(大写)	⊗ 捌万柒仟肆佰元整				(小写) ¥87 400.00		

销货单位	名称:马鞍山市联光电源制造厂 纳税人识别号:340502705063466 地址、电话:马鞍山市恒兴路49号 0555-2817071 开户行及账号:农商行幸福分理处20000032429110300000106	备注	

收款人:　　复核:　　开票人:熊德洲　　销货单位:(章)

税总函[2014]10号中钞光华印制有限公司

第一联:记账联 销货方记账凭证

表2-34

商品出库单

购货单位:PK(集团)控股有限责任公司南山矿业公司

仓　库:　　2014年12月12日　　编号:03

货物或应税劳务名称	规格型号	单位	数量	单价	金额	税率	税额
蓄电池	6QA-200S	只	10	1 247.86	12 478.63	17%	2 121.37
合计					¥12 478.63		¥2 121.37

主管:　　记账:　　仓库保管:徐星　　经办:徐瑞

表2-35

商品出库单

购货单位:PK(集团)控股有限责任公司南山矿业公司

仓　　库:　　　　　　　　　　2014年12月12日　　　　　　　　　　编号:04

货物或应税劳务名称	规格型号	单位	数 量	单 价	金 额	税率	税 额
风压胶管	10m/根加厚钢丝Φ76	米	200	132.48	26 495.73	17%	4 504.27
合 计					¥26 495.73		¥4 504.27

主管:　　　　记账:　　　　仓库保管:徐星　　　　经办:徐瑞

表2-36

商品出库单

购货单位:PK(集团)控股有限责任公司南山矿业公司

仓　　库:　　　　　　　　　　2014年12月12日　　　　　　　　　　编号:05

货物或应税劳务名称	规格型号	单位	数 量	单 价	金 额	税率	税 额
高压钢丝编织管	Φ200*10(两头带法兰)	米	200	373.50	74 700.85	17%	12 699.15
合 计					¥74 700.85		¥12 699.15

主管:　　　　记账:　　　　仓库保管:徐星　　　　经办:徐瑞

10. 2014年12月12日,联光从B市QK蓄电池销售有限公司购进电瓶一批,不含税金额42 752.13元,增值税税率17%,增值税税额7 267.87元,价税合计50 020.00元。请填制记账凭证(表2-37),相关数据参见表2-38、2-39。

表2-37

记 账 凭 证

年　　月　　日　　　　　　　　　　会字第 10 号

摘 要	总账科目	明细科目	√	借方										贷方									
				千	百	十	万	千	百	十	元	角	分	千	百	十	万	千	百	十	元	角	分
合 计																							

附件　张

财会主管:　　　　记账:　　　　出纳:　　　　复核:　　　　制单:

表2-38

江苏增值税专用发票

3200142140　　发　票　联　　No 18920340　3200142140 18920340

开票日期:2014年12月12日

购货单位	名称:马鞍山市联光电源制造厂 纳税人识别号:340502705063466 地址、电话:马鞍山市恒兴路49号 0555-2817071 开户行及账号:农商行幸福分理处20000032429110300000106					密码区	略
货物或应税劳务名称	规格型号	单位	数量	单价	金额	税率	税额
电瓶		只	1	444.444 444 44	444.44	17%	75.56
电瓶		只	30	427.350 427 35	12 820.51	17%	2 179.49
电瓶		只	30	470.085 470 09	14 102.56	17%	2 397.44
电瓶		只	30	512.820 512 82	15 384.62	17%	2 615.38
合计					¥42 752.13		¥7 267.87
价税合计(大写)	⊗伍万零贰拾元整　　(小写)¥50 020.00						
销货单位	名称:B市QK蓄电池销售有限公司 纳税人识别号:320102XXX687792 地址、电话:A省B市C区D街道100号 000-12345678 开户行及账号:XX银行XX分行XX支行1234567890000000					备注	卡收

收款人:　　复核:　　开票人:贺凤　　销货单位:(章)

税总函[2014]10号南京造币有限公司

第三联:发票联　购货方记账凭证

表2-39

商品入库单

供货单位:B市QK蓄电池销售有限公司

仓　　库:　　2014年12月12日　　编号:008

货物或应税劳务名称	规格型号	单位	数量	单价	金额	税率	税额
电瓶		只	1	444.44	444.44	17%	75.56
电瓶		只	30	427.35	12 820.51	17%	2 179.49
电瓶		只	30	470.09	14 102.56	17%	2 397.44
电瓶		只	30	512.82	15 384.62	17%	2 515.38
合计					¥42 752.13		¥7 267.87

主管:　　记账:　　仓库保管:徐星　　经办:许可

11. 2014年12月13日,联光以银行存款交纳2014年11月城市维护建设税488.22元、教育费附加209.24元(共697.46元)和地方教育费附加139.49元。请填制记账凭证(表2-40),相关数据参见表2-41、2-42。

表 2-40

记账凭证

年　　月　　日　　　　　　　　会字第 11 号

摘要	总账科目	明细科目	√	借方										贷方									
				千	百	十	万	千	百	十	元	角	分	千	百	十	万	千	百	十	元	角	分
合计																							

附件　张

财会主管：　　记账：　　出纳：　　复核：　　制单：

表 2-41

马鞍山农村商业银行 MAANSHAN RURAL COMMERCIAL BANK　马鞍山农村商业银行幸福分理处　**电子缴税付款凭证**

转账日期:20141211　　流水号:08398278　　No 2100372250

纳税人全称及纳税人识别号:050100000053517
付款人全称:马鞍山市联光电源制造厂
付款人账号:20000032429110300000106　　征收机关名称:马鞍山市地方税务局征收分局
付款人开户银行:马鞍山农村商业银行幸福分理处　　收款国库(银行)名称:花山区支库
小写(合计)金额:697.46　　缴款书交易流水号:26430472
大写(合计)金额:陆佰玖拾柒元肆角陆分　　税票号码:340014000034673377

税(费)种名称	所属时期	实缴金额
教育费附加	20141101-20141130	209.24
城市维护建设税	20141101-20141130	488.22

第1次打印　　柜员:153706

马鞍山农村商业银行 幸福分理处 ★ 2014.12.13 ★ 业务清讫章 (1)

附件　张

皖农信·瑞尔·068-2/2

第二联　付款回单(无银行收讫章无效)　　复核:　　记账:

表 2-42

马鞍山农村商业银行 MAANSHAN RURAL COMMERCIAL BANK　马鞍山农村商业银行幸福分理处　**电子缴税付款凭证**

转账日期:20141211　　流水号:08398275　　No 2100372249

纳税人全称及纳税人识别号:050100000053517
付款人全称:马鞍山市联光电源制造厂
付款人账号:20000032429110300000106　　征收机关名称:马鞍山市地方税务局征收分局
付款人开户银行:马鞍山农村商业银行幸福分理处　　收款国库(银行)名称:马鞍山市金库
小写(合计)金额:139.49　　缴款书交易流水号:26430232
大写(合计)金额:壹佰叁拾玖元肆角玖分　　税票号码:340014000034673378

税(费)种名称	所属时期	实缴金额
地方教育费附加	20141101-20141130	139.49

第3次打印　　柜员:153706

马鞍山农村商业银行 幸福分理处 ★ 2014.12.13 ★ 业务清讫章 (1)

附件　张

皖农信·瑞尔·068-2/2

第二联　付款回单(无银行收讫章无效)　　复核:　　记账:

12. 2014年12月13日，联光以银行存款交纳2014年11月份代扣代缴的个人所得税1 913.60元。请填制记账凭证（表2-43），相关数据参见表2-44。

表2-43

记 账 凭 证

年 月 日　　　　会字第 12 号

摘要	总账科目	明细科目	√	借方										贷方									
				千	百	十	万	千	百	十	元	角	分	千	百	十	万	千	百	十	元	角	分
合计																							

附件 张

财会主管：　　记账：　　出纳：　　复核：　　制单：

表2-44

马鞍山农村商业银行 MAANSHAN RURAL COMMERCIAL BANK　马鞍山农村商业银行幸福分理处　**电子缴税付款凭证**

转账日期：20141211　　流水号：08398360　　No 2100372251

纳税人全称及纳税人识别号：050100000053517

付款人全称：马鞍山市联光电源制造厂

付款人账号：20000032429110300000106　　征收机关名称：马鞍山市地方税务局征收分局

付款人开户银行：马鞍山农村商业银行幸福分理处　　收款国库（银行）名称：花山区支库

小写（合计）金额：1 913.60　　缴款书交易流水号：26431256

大写（合计）金额：壹仟玖佰壹拾叁元陆角零分　　税票号码：340014000034674414

税（费）种名称	所属时期	实缴金额
个人所得税	20141101-20141130	1 913.60

第1次打印　　柜员：153706

马鞍山农村商业银行 幸福分理处 2014.12.13 业务清讫章 （1）

皖农信·瑞尔·068-2/2

附件 张

第二联 付款回单（无银行收讫章无效）　　复核：　　记账：

13. 2014年12月13日，联光以银行存款交纳2014年11月份增值税6 974.60元。请填制记账凭证（表2-45），相关数据参见表2-46。

表2-45

记账凭证

年　月　日　　　　会字第 13 号

摘要	总账科目	明细科目	√	借方 千	百	十	万	千	百	十	元	角	分	贷方 千	百	十	万	千	百	十	元	角	分
合计																							

附件　张

财会主管：　　记账：　　出纳：　　复核：　　制单：

表2-46

马鞍山农村商业银行 MAANSHAN RURAL COMMERCIAL BANK　马鞍山农村商业银行幸福分理处　电子缴税付款凭证

转账日期:20141210　　流水号:08395688　No 2100372242

纳税人全称及纳税人识别号:340502705063466
付款人全称:马鞍山市联光电源制造厂
付款人账号:20000032429110300000106　　征收机关名称:马鞍山市花山区国家税务局
付款人开户银行:马鞍山农村商业银行幸福分理处　　收款国库(银行)名称:马鞍山市花山区支库
小写(合计)金额:6 974.60　　缴款书交易流水号:17603682
大写(合计)金额:陆仟玖佰柒拾肆元陆角零分　　税票号码:134006141204314145

税(费)种名称	所属时期	实缴金额
增值税	20141101-20141130	6 974.60

第1次打印　　柜员:153106

马鞍山农村商业银行 幸福分理处 2014.12.13 业务清讫章 (1)

皖农信·瑞尔·068-2/2

附件　张

第二联　付款回单(无银行收讫章无效)　　复核:　　记账:

14. 2014年12月15日，联光从B市CK汽车配件贸易有限公司购进的骆驼蓄电池一批验收入库，价款34 440.18元，增值税进项税额5 854.82元，价税合计40 295.00元，用银行存款支付。请填制记账凭证(表2-47)，相关数据参见表2-48、2-49、2-50、2-51、2-52、2-53、2-54、2-55。

表2-47

记 账 凭 证

年　　月　　日　　　　　　　　　　　　　　　　会字第 14 号

摘　要	总账科目	明细科目	√	借方										贷方									
				千	百	十	万	千	百	十	元	角	分	千	百	十	万	千	百	十	元	角	分
合　计																							

附件　张

财会主管：　　　记账：　　　出纳：　　　复核：　　　制单：

表2-48

安徽增值税专用发票

3400142140　　　　　　　　No 00320984　3400142140 00320984

发 票 联

开票日期：2014年12月15日

购货单位	名　　称：马鞍山市联光电源制造厂 纳税人识别号：340502705063466 地 址 、电 话：马鞍山市恒兴路49号 0555-2817071 开户行及账号：农商行幸福分理处20000032429110300000106				密码区	略	
货物或应税劳务名称	规格型号	单位	数 量	单 价	金　额	税率	税　额
骆驼蓄电池	95D31RXMF	只	9	333.333 333 33	3 000.00	17%	510.00
骆驼蓄电池	65MF	只	7	303.418 803 42	2 123.93	17%	361.07
骆驼蓄电池	85550MF	只	4	282.051 282 05	1 128.21	17%	191.79
合　计					¥ 6 252.14		¥1 062.86
价税合计(大写)	⊗ 柒仟叁佰壹拾伍元整				（小写） ¥7 315.00		
销货单位	名　　称：B市CK汽车配件贸易有限公司 纳税人识别号：340503XXX954593 地 址 、电 话：A省B市C区D街道100号 000-12345678 开户行及账号：XX银行XX分行XX支行1234567890000000				备注	卡收 B市CK汽车配件贸易有限公司 340503XXX954593 发票专用章	

税总函[2014]10号中钞光华印制有限公司

第三联：发票联 购货方记账凭证

收款人：　　　复核：　　　开票人：张丽秀　　　销货单位：(章)

表 2-49

安徽增值税专用发票

3400142140 发票联 No 00320982 3400142140 00320982

开票日期:2014年12月15日

购货单位	名　　称:马鞍山市联光电源制造厂 纳税人识别号:340502705063466 地 址 、电 话:马鞍山市恒兴路49号 0555-2817071 开户行及账号:农商行幸福分理处 20000032429110300000106	密码区	略

货物或应税劳务名称	规格型号	单位	数 量	单 价	金 额	税率	税 额
骆驼蓄电池	195MFK	只	9	752.136 752 14	6 769.23	17%	1 150.77
骆驼蓄电池	54MF	只	10	282.051 282 05	2 820.51	17%	479.49
合 计					¥ 9 589.74		¥1 630.26
价税合计(大写)	⊗ 壹万壹仟贰佰贰拾元整				(小写) ¥11 220.00		

销货单位	名　　称:B市CK汽车配件贸易有限公司 纳税人识别号:340503XXX954593 地 址 、电 话:A省B市C区D街道100号 000-12345678 开户行及账号:XX银行XX分行XX支行1234567890000000	备注	卡收

收款人:　　复核:　　开票人:张丽秀　　销货单位:(章)

第三联:发票联 购货方记账凭证

税总函[2014]10号中钞光华印制有限公司

表 2-50

安徽增值税专用发票

3400142140 发票联 No 00320981 3400142140 00320981

开票日期:2014年12月15日

购货单位	名　　称:马鞍山市联光电源制造厂 纳税人识别号:340502705063466 地 址 、电 话:马鞍山市恒兴路49号 0555-2817071 开户行及账号:农商行幸福分理处 20000032429110300000106	密码区	略

货物或应税劳务名称	规格型号	单位	数 量	单 价	金 额	税率	税 额
骆驼蓄电池	150MFK	只	15	529.914 529 91	7 948.72	17%	1 351.28
骆驼蓄电池	58500MF	只	8	247.863 247 86	1 982.91	17%	337.09
合 计					¥ 9 931.63		¥1 688.37
价税合计(大写)	⊗ 壹万壹仟陆佰贰拾元整				(小写) ¥11 620.00		

销货单位	名　　称:B市CK汽车配件贸易有限公司 纳税人识别号:340503XXX954593 地 址 、电 话:A省B市C区D街道100号 000-12345678 开户行及账号:XX银行XX分行XX支行1234567890000000	备注	卡收

收款人:　　复核:　　开票人:张丽秀　　销货单位:(章)

第三联:发票联 购货方记账凭证

税总函[2014]10号中钞光华印制有限公司

表 2-51

安徽增值税专用发票

3400142140　　　　发票联　　　　No 00320983　3400142140　00320983

开票日期:2014 年 12 月 15 日

购货单位	名　　称:马鞍山市联光电源制造厂 纳税人识别号:340502705063466 地 址 、电 话:马鞍山市恒兴路 49 号 0555-2817071 开户行及账号:农商行幸福分理处 20000032429110300000106	密码区	略

货物或应税劳务名称	规格型号	单位	数 量	单 价	金 额	税率	税 额
骆驼蓄电池	95D31RXMF	只	26	333.333 333 33	8 666.67	17%	1 473.33
合　　计					¥ 8 666.67		¥1 473.33
价税合计(大写)	⊗ 壹万零壹佰肆拾元整			(小写) ¥10 140.00			

销货单位	名　　称:B 市 CK 汽车配件贸易有限公司 纳税人识别号:340503XXX954593 地 址 、电 话:A 省 B 市 C 区 D 街道 100 号 000-12345678 开户行及账号:XX 银行 XX 分行 XX 支行 1234567890000000	备注	卡收

收款人:　　　　复核:　　　　开票人:张丽秀　　　　销货单位:(章)

税总函[2014]10号中钞光华印制有限公司

第三联:发票联　购货方记账凭证

表 2-52

商品入库单

供货单位:B 市 CK 汽车配件有限公司

仓　　库:　　　　2014 年 12 月 15 日　　　　编号:009

货物或应税劳务名称	规格型号	单位	数 量	单 价	金 额	税率	税 额
骆驼蓄电池	95D31RXMF	只	9	333.33	3 000.00	17%	510.00
骆驼蓄电池	65MF	只	7	303.41	2 123.93	17%	361.07
骆驼蓄电池	85550MF	只	4	282.05	1 128.21	17%	191.79
合　　计					¥6 252.14		¥1 062.86

主管:　　　　记账:　　　　仓库保管:徐星　　　　经办:许可

表 2-53

商品入库单

供货单位:B市CK汽车配件有限公司

仓　　库:　　　　　　　2014年12月15日　　　　　　　编号:010

货物或应税劳务名称	规格型号	单位	数　量	单　价	金　额	税率	税　额
骆驼蓄电池	195MFK	只	9	752.14	6 769.23	17%	1 150.77
骆驼蓄电池	54MF	只	10	282.05	2 820.51	17%	479.49
合　计					¥9 589.74		¥1 630.26

主管:　　　　记账:　　　　仓库保管:徐星　　　　经办:许可

表 2-54

商品入库单

供货单位:B市CK汽车配件有限公司

仓　　库:　　　　　　　2014年12月15日　　　　　　　编号:011

货物或应税劳务名称	规格型号	单位	数　量	单　价	金　额	税率	税　额
骆驼蓄电池	150MFK	只	15	529.91	7 948.72	17%	1 351.28
骆驼蓄电池	58500MF	只	8	247.86	1 982.91	17%	337.09
合　计					¥9 931.63		¥1 688.37

主管:　　　　记账:　　　　仓库保管:徐星　　　　经办:许可

表 2-55

商品入库单

供货单位:B市CK汽车配件有限公司

仓　　库:　　　　　　　2014年12月15日　　　　　　　编号:012

货物或应税劳务名称	规格型号	单位	数　量	单　价	金　额	税率	税　额
骆驼蓄电池	95D31RXMF	只	26	333.33	8 666.67	17%	1 473.33
合　计					¥8 666.67		¥1 473.33

主管:　　　　记账:　　　　仓库保管:徐星　　　　经办:许可

15. 2014年12月16日,联光从B市CK汽车配件贸易有限公司购进的骆驼蓄电池一批验收入库。价款8 854.70元,增值税进项税额1 505.30元,价税合计10 360.00元,用银行存款支付。请填制记账凭证(表2-56),相关数据参见表2-57、2-58。

表 2-56

记 账 凭 证

年　月　日　　　　会字第 15 号

摘　要	总账科目	明细科目	√	借方 千	百	十	万	千	百	十	元	角	分	贷方 千	百	十	万	千	百	十	元	角	分
合　计																							

附件　张

财会主管：　记账：　出纳：　复核：　制单：

表 2-57

安徽增值税专用发票

3400142140　　发票联　　No 00376591　3400142140 00376591

开票日期：2014 年 12 月 16 日

购货单位	名　称：马鞍山市联光电源制造厂 纳税人识别号：340502705063466 地 址 、电 话：马鞍山市恒兴路 49 号 0555-2817071 开户行及账号：农商行幸福分理处 20000032429110300000106	密码区	略				
货物或应税劳务名称	规格型号	单位	数 量	单 价	金 额	税率	税 额
骆驼蓄电池	120MFK	只	7	444.444 444 44	3 111.11	17%	528.89
骆驼蓄电池	100MFT	只	13	358.974 358 97	4 666.67	17%	793.33
骆驼蓄电池	78-550MF	只	3	358.974 358 97	1 076.92	17%	183.08
合　计					¥ 8 854.70		¥1 505.30
价税合计(大写)	⊗ 壹万零叁佰陆拾元整			（小写） ¥10 360.00			
销货单位	名　称：B 市 CK 汽车配件贸易有限公司 纳税人识别号：340503XXX954593 地 址 、电 话：A 省 B 市 C 区 D 街道 100 号 000-12345678 开户行及账号：XX 银行 XX 分行 XX 支行 1234567890000000	备注	卡收				

收款人：　复核：　开票人：张丽秀　销货单位：(章)

（印章：B 市 CK 汽车配件贸易有限公司 340503XXX954593 发票专用章）

税总函[2014]10 号中钞光华印制有限公司

第三联：发票联　购货方记账凭证

表2-58

商品入库单

供货单位：B市CK汽车配件贸易有限公司

仓　　库：　　　　　　　　2014年12月16日　　　　　　　　编号：013

货物或应税劳务名称	规格型号	单位	数量	单价	金额	税率	税额
骆驼蓄电池	120MFK	只	7	444.44	3 111.11	17%	528.89
骆驼蓄电池	100MFT	只	13	358.97	4 666.67	17%	793.33
骆驼蓄电池	78-550MF	只	3	358.97	1 076.92	17%	183.08
合计					¥8 854.70		¥1 505.30

主管：　　　　记账：　　　　仓库保管：徐星　　　　经办：许可

16. 2014年12月16日，联光从B市HK建材销售有限公司购进排水管等商品，不含税价格9 213.41元，增值税1 566.29元，价税合计10 779.70元，用银行存款支付。请填制记账凭证（表2-59），相关数据参见表2-60、2-61。

表2-59

记账凭证

年　　月　　日　　　　　　　　会字第16号

摘要	总账科目	明细科目	√	借方										贷方									
				千	百	十	万	千	百	十	元	角	分	千	百	十	万	千	百	十	元	角	分
合计																							

附件　张

财会主管：　　　记账：　　　出纳：　　　复核：　　　制单：

表2-60

安徽增值税专用发票

3400142140　　　发票联　　　No 01670841　3400142140 01670841

开票日期:2014年12月16日

税总函[2014]10号中钞光华印制有限公司

购货单位	名称:马鞍山市联光电源制造厂 纳税人识别号:340502705063466 地址、电话:马鞍山市恒兴路49号 0555-2817071 开户行及账号:农商行幸福分理处20000032429110300000106					密码区	略
货物或应税劳务名称	规格型号	单位	数量	单价	金额	税率	税额
160*4.0PVC排水管		米	230	25.256 410 256	5 808.97	17%	987.53
160直节		只	320	6.632 478 632 5	2 122.39	17%	360.81
75直节		只	220	1.923 076 923 1	423.08	17%	71.92
110直节		只	300	2.863 247 863 2	858.97	17%	146.03
合计					¥ 9 213.41		¥1 566.29
价税合计(大写)	⊗ 壹万零柒佰柒拾玖元柒角整				(小写) ¥10 779.70		
销货单位	名称:B市HK建材销售有限公司 纳税人识别号:340207XXX178436 地址、电话:A省B市C区D街道100号 000-12345678 开户行及账号:XX银行XX分行XX支行1234567890000000					备注	卡收

第三联:发票联 购货方记账凭证

收款人:　　　复核:　　　开票人:潘晨　　　销货单位:(章)

表2-61

商品入库单

供货单位:B市HK建材销售有限公司

仓　　库:　　　2014年12月16日　　　编号:014

货物或应税劳务名称	规格型号	单位	数量	单价	金额	税率	税额
160*4.0PVC排水管		米	230	25.26	5 808.97	17%	987.53
160直节		只	320	6.63	2 122.39	17%	360.81
75直节		只	220	1.92	423.08	17%	71.92
110直节		只	300	2.86	858.97	17%	146.03
合计					¥9 213.41		¥1 566.29

主管:　　　记账:　　　仓库保管:徐星　　　经办:许可

17. 2014年12月16日,联光向B市IK废钢有限责任公司销售商品,不含税金额75 371.00元,增值税税率17%,增值税税额12 813.07元,价税合计88 184.07元,尚未收到货款。请填制记账凭证(表2-62),相关数据参见表2-63、2-64(销货清单略)。

表 2-62

记账凭证

年 月 日 会字第 17 号

摘要	总账科目	明细科目	√	借方 千	百	十	万	千	百	十	元	角	分	贷方 千	百	十	万	千	百	十	元	角	分
合计																							

附件 张

财会主管： 记账： 出纳： 复核： 制单：

表 2-63

安徽增值税专用发票

3400142140 No 00376501

此联不作报销、扣税凭证使用

开票日期：2014年12月16日

购货单位	名称：B市IK废钢有限责任公司 纳税人识别号：3405045XXX02383 地址、电话：A省B市C区D街道100号 000-12345678 开户行及账号：XX银行XX分行XX支行1234567890000000	密码区	略				
货物或应税劳务名称	规格型号	单位	数量	单价	金额	税率	税额
（见销货清单）					75 371.00	17%	12 813.07
合计					¥ 75 371.00		¥12 813.07
价税合计（大写）	⊗ 捌万捌仟壹佰捌拾肆元零柒分			（小写） ¥88 184.07			
销货单位	名称：马鞍山市联光电源制造厂 纳税人识别号：340502705063466 地址、电话：马鞍山市恒兴路49号 0555-2817071 开户行及账号：农商行幸福分理处20000032429110300000106	备注	卡收				

收款人： 复核： 开票人：熊德洲 销货单位：（章）

税总函[2014]10号中钞光华印制有限公司

第一联：记账联 销货方记账凭证

表2-64

商品出库单

购货单位:B市IK废钢有限责任公司

仓　　库:　　　　　　　　2014年12月16日　　　　　　　　编号:06

货物或应税劳务名称	规格型号	单位	数量	单价	金额	税率	税额
见销货清单					75 371.00	17%	12 813.07
合　计					¥75 371.00		¥12 813.07

主管:　　　　记账:　　　　仓库保管:徐星　　　　经办:徐瑞

18. 2014年12月17日,银行扣转账手续费5.00元。请填制记账凭证(表2-65),相关数据参见表2-66。

表2-65

记 账 凭 证

年　　月　　日　　　　　　　　会字第18号

摘要	总账科目	明细科目	√	借方										贷方									
				千	百	十	万	千	百	十	元	角	分	千	百	十	万	千	百	十	元	角	分
合　计																							

附件　张

财会主管:　　　　记账:　　　　出纳:　　　　复核:　　　　制单:

表 2-66

马鞍山农村商业银行 马鞍山农村商业银行幸福分理处 **收费凭证** ①

MAANSHAN RURAL COMMERCIAL BANK

转账日期:2014年12月17日 流水号:1537060026

户　名	马鞍山市联光电源制造厂
账　号	20000032429110300000106

计费金额:1 560.00

电子汇划费:0.00　　手续费:5.00　　工本费:0.00

合计收费金额(大写):伍元整

合计收费金额(小写):5.00

付费方式:转账　　优先级别:一般

收费事由:现代支付电子汇划

会计分录　借:2001

贷:6021

上述打印内容准确无误。

客户确认签字:熊德洲

马鞍山农村商业银行幸福分理处 ★ 2014.12.17 ★ 业务清讫章 (1)

第1次打印,注意重复! 打印日期:2014年12月17日　　会计:　　事后监督:

皖农信·瑞尔·015-1/5

第一联 客户回单

19. 2014年12月17日,联光从B市JK西玛电机有限公司购进14 017.09元(不含税价)零部件,增值税2 382.91元,价税合计16 400.00元。已验收入库,用银行存款支付。请填制记账凭证(表2-67),相关数据参见表2-68、2-69。

表 2-67

记 账 凭 证

年　　月　　日　　　　会字第 19 号

摘　要	总账科目	明细科目	√	借方										贷方									
				千	百	十	万	千	百	十	元	角	分	千	百	十	万	千	百	十	元	角	分
合　计																							

附件　张

财会主管:　　记账:　　出纳:　　复核:　　制单:

表 2-68

陕西增值税专用发票

6100121170　　　　发　票　联　　　　No 00494462　6100121170 00494462

开票日期:2014年12月17日

购货单位	名　　称:马鞍山市联光电源制造厂 纳税人识别号:340502705063466 地 址 、电 话:马鞍山市恒兴路49号 0555-2817071 开户行及账号:农商行幸福分理处20000032429110300000106					密码区	略	
货物或应税劳务名称	规格型号	单位	数 量	单 价	金 额	税率	税 额	
零部件	YRKK5001-8-355kW-6KV 冷却器	台	1	12 393.162 393	12 393.16	17%	2 106.84	
零部件	YRKK5001-8-355kW-6KV 外风扇	件	1	1 623.931 623 9	1 623.93	17%	276.07	
合　　计					¥ 14 017.09		¥2 382.91	
价税合计(大写)	⊗ 壹万陆仟肆佰元整　　　(小写)　¥16 400.00							
销货单位	名　　称:B市JK西玛电机有限公司 纳税人识别号:610197XXX602505 地 址 、电 话:A省B市C区D街道100号 000-12345678 开户行及账号:XX银行XX分行XX支行1234567890000000					备注	卡收	

收款人:　　　　复核:　　　　开票人::徐远芳　　　　销货单位:(章)

国税函[2011]645号西安印钞有限公司

第三联:发票联 购货方记账凭证

表 2-69

商品入库单

供货单位:B市JK西玛电机有限公司

仓　　库:　　　　2014年12月17日　　　　编号:015

货物或应税劳务名称	规格型号	单位	数 量	单 价	金 额	税率	税 额
零部件	YRKK5001-8-355kW-6KV 冷却器	台	1	12 393.16	12 393.16	17%	2 106.84
零部件	YRKK5001-8-355kW-6KV 外风扇	件	1	1 623.93	1 623.93	17%	276.07
合　　计					¥14 017.09		¥2 382.91

主管:　　　　记账:　　　　仓库保管:徐星　　　　经办:许可

20. 2014年12月19日,联光在B市LK汽车销售服务有限公司维修汽车,维修费用1 823.08元(不含税),增值税税率17%,增值税309.92元,价税合计2 133.00元,银行存款支付。请填制记账凭证(表2-70),相关数据参见表2-71。

表 2-70

记账凭证

年　　月　　日　　　　　　　　　　　　　会字第 20 号

摘要	总账科目	明细科目	√	借方										贷方									
				千	百	十	万	千	百	十	元	角	分	千	百	十	万	千	百	十	元	角	分
合计																							

附件　张

财会主管：　　记账：　　出纳：　　复核：　　制单：

表 2-71

安徽增值税专用发票

3200142140　　　发票联　　　No 00296320　3200142140 00296320

开票日期：2014 年 12 月 19 日

购货单位	名称：马鞍山市联光电源制造厂 纳税人识别号：340502705063466 地址、电话：马鞍山市恒兴路 49 号 0555-2817071 开户行及账号：农商行幸福分理处 20000032429110300000106				密码区	略		
货物或应税劳务名称	规格型号	单位	数量	单价	金额	税率	税额	
维修费用		辆	1	1 823.076 923 1	1 823.08	17%	309.92	
合计					¥ 1 823.08		¥ 309.92	
价税合计(大写)	⊗ 贰仟壹佰叁拾叁元整				(小写) ¥ 2 133.00			
销货单位	名称：B 市 LK 汽车销售服务有限公司 纳税人识别号：340506XXX425070 地址、电话：A 省 B 市 C 区 D 街道 100 号 000-12345678 开户行及账号：XX 银行 XX 分行 XX 支行 1234567890000000				备注	卡收		

收款人：　　复核：　　开票人：王燕　　销货单位：(章)

税总函[2014]10号中钞光华印制有限公司

第三联：发票联　购货方记账凭证

21. 2014 年 12 月 19 日，联光从 B 市 MK 电力工程技术有限公司购进价值 15 384.61 元的电线，增值税 2 615.39 元，价税合计 18 000.00 元，用银行存款支付。请填制记账凭证(表 2-72)，相关数据参见表 2-73、2-74。

表2-72

记账凭证

年　月　日　　会字第21号

摘要	总账科目	明细科目	√	借方 千	百	十	万	千	百	十	元	角	分	贷方 千	百	十	万	千	百	十	元	角	分
合计																							

附件　张

财会主管：　记账：　出纳：　复核：　制单：

表2-73

江苏增值税专用发票

3200142140　　No 21371467　3200142140 21371467

发票联

开票日期：2014年12月19日

购货单位	名称：马鞍山市联光电源制造厂 纳税人识别号：340502705063466 地址、电话：马鞍山市恒兴路49号 0555-2817071 开户行及账号：农商行幸福分理处20000032429110300000106				密码区	略		
货物或应税劳务名称	规格型号	单位	数量	单价	金额	税率	税额	
电线	BV4	米	4 500	1.844 444 444 4	8 300.00	17%	1 411.00	
电线	BV2.5	米	5 000	1.158 974 359	5 794.87	17%	985.13	
电线	BV1.5	米	1 800	0.716 524 213 7	1 289.74	17%	219.26	
合计					¥15 384.61		¥2 615.39	
价税合计（大写）	⊗壹万捌仟元整　（小写）¥18 000.00							
销货单位	名称：B市MK电力工程技术有限公司 纳税人识别号：320481XXX482788 地址、电话：A省B市C区D街道100号 000-12345678 开户行及账号：XX银行XX分行XX支行1234567890000000				备注	卡收 B市MK电力工程技术有限公司 320481XXX482788 发票专用章		

收款人：　复核：　开票人：潘莉　销货单位：（章）

税总函[2014]10号南京造币有限公司

第三联：发票联　购货方记账凭证

表 2-74

商品入库单

供货单位:B市MK电力工程技术有限公司

仓　　库:　　　　　　　　2014年12月19日　　　　　　　　编号:016

货物或应税劳务名称	规格型号	单位	数 量	单 价	金 额	税率	税 额
电线	BV4	米	4 500	1.844 4	8 300.00	17%	1 411.00
电线	BV2.5	米	5 000	1.158 9	5 794.87	17%	985.13
电线	BV1.5	米	1 800	0.716 5	1 289.74	17%	219.26
合　计					¥15 384.61		¥2 615.39

主管:　　　　记账:　　　　仓库保管:徐星　　　　经办:许可

22. 2014年12月19日,联光向B市NK耐火材料有限公司销售商品,不含税金额7 581.20元,增值税税率17%,增值税税额1 288.80元,价税合计8 887.00元,尚未收到货款。请填制记账凭证(表2-75),相关数据参见表2-76、2-77(销货清单略)。

表 2-75

记 账 凭 证

年　　月　　日　　　　　　　　会字第 22 号

摘 要	总账科目	明细科目	√	借方 千	百	十	万	千	百	十	元	角	分	贷方 千	百	十	万	千	百	十	元	角	分
合　计																							

附件　张

财会主管:　　　　记账:　　　　出纳:　　　　复核:　　　　制单:

表2-76

安徽增值税专用发票

3400142140　　　此联不作报销、扣税凭证使用　　　No 00376502

开票日期：2014年12月19日

购货单位	名　　称：B市NK耐火材料有限公司 纳税人识别号：340506XXX342405 地 址 、电 话：A省B市C区D街道100号 000-12345678 开户行及账号：XX银行XX分行XX支行1234567890000000				密码区	略	
货物或应税劳务名称	规格型号	单位	数 量	单 价	金 额	税率	税 额
（见销货清单）					7 581.20	17%	1 288.80
合　　计					¥7 581.20		¥1 288.80
价税合计（大写）	⊗ 捌仟捌佰柒拾元整			（小写）¥8 870.00			
销货单位	名　　称：马鞍山市联光电源制造厂 纳税人识别号：340502705063466 地 址 、电 话：马鞍山市恒兴路49号 0555-2817071 开户行及账号：农商行幸福分理处20000032429110300000106				备注	（马鞍山市联光电源制造厂 340502705063466 发票专用章）	

收款人：　　　复核：　　　开票人：熊德洲　　　销货单位：（章）

税总函[2014]10号中钞光华印制有限公司

第一联：记账联 销货方记账凭证

表2-77

商品出库单

购货单位：B市NK耐火材料有限公司

仓　　库：　　　2014年12月19日　　　编号：07

货物或应税劳务名称	规格型号	单位	数 量	单 价	金 额	税率	税 额
见销货清单					7 581.20	17%	1 288.80
合　　计					¥7 581.20		¥1 288.80

主管：　　　记账：　　　仓库保管：徐星　　　经办：徐瑞

23. 2014年12月20日，联光从B市TTK轮胎有限责任公司购进轮胎2条，不含税价1 025.64元，增值税174.36元，价税合计1 200.00元，用银行存款支付。请填制记账凭证（表2-78），相关数据参见表2-79、2-80。

表 2-78

记 账 凭 证

年　　月　　日　　　　　　　　　　会字第 23 号

摘　要	总账科目	明细科目	√	借　方										贷　方									
				千	百	十	万	千	百	十	元	角	分	千	百	十	万	千	百	十	元	角	分
合　　计																							

附件　张

财会主管：　　记账：　　出纳：　　复核：　　制单：

表 2-79

安徽增值税专用发票

3400134140　　　　　　　　　　No 03247828　3400134140 03247828

发　票　联

开票日期：2014 年 12 月 20 日

购货单位	名　　称：马鞍山市联光电源制造厂 纳税人识别号：340502705063466 地 址 、电 话：马鞍山市恒兴路 49 号 0555-2817071 开户行及账号：农商行幸福分理处 20000032429110300000106				密码区	略

货物或应税劳务名称	规格型号	单位	数　量	单　价	金　额	税率	税　额
轮胎		条	2	512.820 512 82	1 025.64	17%	174.36
合　计					¥ 1 025.64		¥ 174.36
价税合计（大写）	⊗ 壹仟贰佰元整			（小写） ¥1 200.00			

销货单位	名　　称：B 市 TTK 轮胎有限责任公司 纳税人识别号：340503XXX974000 地 址 、电 话：A 省 B 市 C 区 D 街道 100 号 000-12345678 开户行及账号：XX 银行 XX 分行 XX 支行 1234567890000000	备注	卡收

B市TTK轮胎有限责任公司 340503XXX974000 发票专用章

收款人：　　复核：　　开票人：朱道珍　　销货单位：（章）

税总函[2013]248 号深圳光华印制有限公司

第三联：发票联 购货方记账凭证

表 2-80

商品入库单

供货单位:B市TTK轮胎有限责任公司

仓　　库:　　　　　　　　　　2014年12月20日　　　　　　　　编号:017

货物或应税劳务名称	规格型号	单位	数量	单价	金额	税率	税额
轮胎		条	2	512.82	1 025.64	17%	174.36
合计					¥1 025.64		¥174.36

主管:　　　　　记账:　　　　　仓库保管:徐星　　　　　经办:许可

24. 2014年12月21日,联光为B市UK利民公司兴达分公司提供空调维修服务,不含税收入3 905.98元,增值税税率17%,增值税税额664.02元,价税合计4 570.00元。尚未收到空调维修费用。请填制记账凭证(表2-81),相关数据参见表2-82。

表 2-81

记 账 凭 证

年　　月　　日　　　　　　　　　　会字第 24 号

摘要	总账科目	明细科目	√	借方										贷方									
				千	百	十	万	千	百	十	元	角	分	千	百	十	万	千	百	十	元	角	分
合计																							

附件　张

财会主管:　　　　记账:　　　　出纳:　　　　复核:　　　　制单:

表 2-82

安徽增值税专用发票

3400142140　　　　No 00376503　3400142140 00376503

此联不作报销、扣税凭证使用

开票日期:2014年12月21日

购货单位	名　　称:B市UK利民公司兴达分公司 纳税人识别号:340504XXX218520 地址、电话:A省B市C区D街道100号 000-12345678 开户行及账号:XX银行XX分行XX支行1234567890000000			密码区	略		
货物或应税劳务名称	规格型号	单位	数量	单价	金额	税率	税额
空调修理		批	1	3 905.982 906	3 905.98	17%	664.02
合　计					¥ 3 905.98		¥ 664.02
价税合计(大写)	⊗ 肆仟伍佰柒拾元整			(小写)	¥ 4 570.00		
销货单位	名　　称:马鞍山市联光电源制造厂 纳税人识别号:340502705063466 地址、电话:马鞍山市恒兴路49号 0555-2817071 开户行及账号:农商行幸福分理处20000032429110300000106			备注	马鞍山市联光电源制造厂 340502705063466 发票专用章		

税总函[2014]10号中钞光华印制有限公司

第一联:记账联 销货方记账凭证

收款人:　　　复核:　　　开票人:熊德洲　　　销货单位:(章)

25. 2014年12月22日,联光收到B市OK水泥有限责任公司汇款888.00元(付空调维修费)。请填制记账凭证(表2-83),相关数据参见表2-84。

表 2-83

记 账 凭 证

年　　月　　日　　　　　　会字第 25 号

摘要	总账科目	明细科目	√	借方										贷方									
				千	百	十	万	千	百	十	元	角	分	千	百	十	万	千	百	十	元	角	分
合　计																							

附件　张

财会主管:　　　记账:　　　出纳:　　　复核:　　　制单:

表 2-84

马鞍山农村商业银行 马鞍山农村商业银行幸福分理处 小额来账凭证 **联行凭证**

MAANSHAN RURAL COMMERCIAL BANK

转账日期:2014年12月22日 流水号:9940007553

委托日期:2014年12月22日 报文类型:客户发起 业务类型:普通汇兑

业务种类:普通汇兑 报单序号:000013102928 优先级别:一般

支付交易序号:08189115 入/挂账标志:入账 待销账序号:

付款人账号:1234567890000000

付款人名称:B市OK水泥有限责任公司

发起行行号:105361000019 中国建设银行安徽分行

收款人账号:20000032429110300000106

收款人名称:马鞍山市联光电源制造厂

金额(大写):人民币捌佰捌拾捌元整 (小写):¥888.00

附言:付空调修理费

会计分录 借:3031

贷:2001

马鞍山农村商业银行 幸福分理处 ★ 2014.12.23 ★ 业务清讫章 (1)

第一次打印,注意重复! 打印日期 2014-12-23

复核: 记账: 会计: 事后监督:

皖农信·瑞尔·001-2-2/2

第二联 贷方凭证

26. 2014年12月29日,联光收到PK(集团)矿业有限公司以银行转账方式支付的前欠购货款30 800.00元。请填制记账凭证(表2-85),相关数据参见表2-86。

表 2-85

记 账 凭 证

年 月 日 会字第 26 号

摘 要	总账科目	明细科目	√	借方										贷方									
				千	百	十	万	千	百	十	元	角	分	千	百	十	万	千	百	十	元	角	分
合 计																							

附件 张

财会主管: 记账: 出纳: 复核: 制单:

表 2-86

中国人民银行 小额支付系统专用凭证 No 200062936835

机构名称:马鞍山农商行幸福分理处　　2014年12月29日　　流水号:9940004429
委托日期:2014年11月28日　　报文类型:客户发起　　业务类型:普通汇兑
业务种类:普通汇兑　　报单序号:000013101377　　优先级别:一般
支付交易序号:30784056　　入/挂账标志:入账　　待销账序号:
付款人账号:1234567890000000
付款人名称:PK(集团)矿业有限公司
发起行行号:104365010121　中国银行股份有限公司马鞍山鹊桥支行
收款人账号:20000032429110300000106
收款人名称:马鞍山市联光电源制造厂
金额(大写):人民币叁万零捌佰元整　　(小写):¥30 800.00
附言:材料、备件款(集采)

会计分录　借:3031
贷:2001

马鞍山农村商业银行
幸福分理处
★ 2014.12.29 ★
业务清讫章
(1)

第一次打印,注意重复!打印日期:2014-12-29
复核　　记账:

第四联　客户回单　　会计　　复核　　记账

27. 2014年12月31日,联光根据本月应交的增值税4 101.82元计提本月应交的城市维护建设税287.13元、教育费附加123.05元和地方教育费附加82.04元,共492.22元。请填制记账凭证,相关数据参见表2-87、2-88、2-89。

表 2-87

记 账 凭 证

年　月　日　　会字第 27 号

摘　要	总账科目	明细科目	√	借方										贷方									
				千	百	十	万	千	百	十	元	角	分	千	百	十	万	千	百	十	元	角	分
合　计																							

附件　张

财会主管:　　记账:　　出纳:　　复核:　　制单:

表 2–88

应交增值税计算表

2014 年 12 月 31 日　　　　单位：元

当期销项税	当期进项税	当期进项税额转出	已交税金	应交增值税
38 907.91	34 806.09			4 101.82

会计主管：　　　　复核：　　　　制表：柯广庆

表 2–89

应交城建税和教育费附加计算表

2014 年 12 月 31 日　　　　单位：元

税费名称	计算依据	计算比例	计算金额	备　注
城市维护建设税	4 101.82	7%	287.13	
教育费附加	4 101.82	3%	123.05	
地方教育费附加	4 101.82	2%	82.04	
合　　计			492.22	

会计主管：　　　　复核：　　　　制表：柯广庆

28. 2014年12月31日，联光计提12月份职工工资，其中管理人员工资25 000.00元、销售人员工资35 000.00元，共计60 000.00元。请填制记账凭证（表2–90），相关数据参见表2–91。

表 2–90

记 账 凭 证

年　　月　　日　　　　会字第 28 号

摘　要	总账科目	明细科目	√	借　方										贷　方									
				千	百	十	万	千	百	十	元	角	分	千	百	十	万	千	百	十	元	角	分
合　　计																							

附件　张

财会主管：　　　记账：　　　出纳：　　　复核：　　　制单：

表 2-91

工资结算汇总表

2014 年 12 月 31 日　　　　单位：元

部　门	基本工资	津　贴	其　他	应发工资	代扣款项	实发工资
管理部门	略	略	略	25 000.00	略	25 000.00
销售部门	略	略	略	35 000.00	略	35 000.00
合　计						60 000.00

会计：　　　　复核：　　　　制表：柯广庆

29. 2014年12月31日，联光计提2014年10—12月份印花税（含税）、水利基金（不含税）。

印花税（含税）：610 635.11×80%×0.000 3=146.55 元

水利基金（不含税）：521 910.35×0.000 6=313.15 元

印花税和水利基金共计459.70元。

请填制记账凭证（表2-92），相关数据参见表2-93。

表 2-92

记 账 凭 证

年　　月　　日　　　　会字第 29 号

摘　要	总账科目	明细科目	√	借　方										贷　方									
				千	百	十	万	千	百	十	元	角	分	千	百	十	万	千	百	十	元	角	分
合　　计																							

附件　张

财会主管：　　记账：　　出纳：　　复核：　　制单：

表 2-93

印花税和水利基金计算表

2014 年 12 月 31 日　　　　单位：元

税费名称	计算依据	计算比例	计算金额	备　注
印花税（含税）	610 635.11 × 80%	0.03%	146.55	
水利基金（不含税）	521 910.35	0.06%	313.15	
合　计			459.70	

会计主管：　　　　复核：　　　　制表：柯广庆

30. 2014年12月31日，联光计提12月份企业所得税（说明：核定应税所得率征收的企业所得税=收入×核定应税所得率×税率，其中，核定应税所得率20%，税率5%，228 870.08×20%×5%）2 288.70

元。请填制记账凭证（表2-94），相关数据参见表2-95。

表2-94

记 账 凭 证

年　　月　　日　　　　　　　　会字第 30 号

摘　要	总账科目	明细科目	√	借　方										贷　方									
				千	百	十	万	千	百	十	元	角	分	千	百	十	万	千	百	十	元	角	分
合　　计																							

附件　张

财会主管：　　记账：　　出纳：　　复核：　　制单：

表2-95

（企业）所得税费用计算表

2014年12月31日　　　　单位：元

销售收入	可调整额	核定应税所得率	所得税税率	本期应纳所得税
228 870.08	0	20%	5%	2 288.70
合　计				2 288.70

会计主管：　　复核：　　制表：柯广庆

说明：核定应税所得率征收的企业所得税=收入×核定应税所得率×税率

31.2014年12月31日，联光计提本月折旧费11 526.24元。请填制记账凭证（表2-96），相关数据参见表2-97。

表2-96

记 账 凭 证

年　　月　　日　　　　　　　　会字第 31 号

摘　要	总账科目	明细科目	√	借　方										贷　方									
				千	百	十	万	千	百	十	元	角	分	千	百	十	万	千	百	十	元	角	分
合　　计																							

附件　张

财会主管：　　记账：　　出纳：　　复核：　　制单：

表2-97

固定资产计提折旧计算表

2014年12月31日　　　　单位:元

使用部门	固定资产类别	月初应计提折旧固定资产原值	月折旧率	月折旧额
销售部门	仓库及门店	118 056.00		8 500.00
管理部门	办公室、电脑	42 031.60		3 026.24
合　计				11 526.24

会计主管:　　　　复核:　　　　制表:柯广庆

32. 2014年12月31日,联光结转12月份产品销售成本202 918.53元,假定本期入库的商品全部销售。请填制记账凭证(表2-98),相关数据参见表2-99。

表2-98

记 账 凭 证

年　月　日　　　　会字第 32 号

摘　要	总账科目	明细科目	√	借　方										贷　方									
				千	百	十	万	千	百	十	元	角	分	千	百	十	万	千	百	十	元	角	分
合　计																							

附件　张

财会主管:　　记账:　　出纳:　　复核:　　制单:

表 2-99

主营业务成本计算表

2014 年 12 月 31 日　　　　　单位：元

产品名称	计量单位	销售数量	单位成本	总成本
见记账凭证(会字第 001 号)				32 905.98
见记账凭证(会字第 002 号)				32 290.60
见记账凭证(会字第 003 号)				923.08
见记账凭证(会字第 004 号)				11 111.11
见记账凭证(会字第 010 号)				42 752.13
见记账凭证(会字第 014 号)				34 440.18
见记账凭证(会字第 015 号)				8 854.70
见记账凭证(会字第 016 号)				9 213.41
见记账凭证(会字第 019 号)				14 017.09
见记账凭证(会字第 021 号)				15 384.61
见记账凭证(会字第 023 号)				1 025.64
合　　计				202 918.53

会计主管：　　　　　　复核：　　　　　　制表：柯广庆

33. 2014 年 12 月 31 日，联光结转 2014 年 12 月份收入账户 228 870.08 元，其中主营业务收入 224 964.10 元，其他业务收入 3 905.98 元。请填制记账凭证(表 2-100)，相关数据参见表 2-101。

表 2-100

记 账 凭 证

年　　月　　日　　　　　　会字第 33 号

摘　要	总账科目	明细科目	√	借　方										贷　方									
				千	百	十	万	千	百	十	元	角	分	千	百	十	万	千	百	十	元	角	分
合　　计																							

附件　张

财会主管：　　　记账：　　　出纳：　　　复核：　　　制单：

表 2-101

2014 年 12 月收入类账户发生额汇总表

2014 年 12 月 31 日　　　　单位：元

序　号	账户名称	贷方发生额
1	主营业务收入	224 964.10
2	其他业务收入	3 905.98
合　计		228 870.08

会计主管：　　　　复核：　　　　制表：柯广庆

34.2014 年 12 月 31 日，联光结转 2014 年 12 月份费用账户，其中主营业务成本 202 918.53 元，其他业务成本 1 823.08 元，营业税金及附加 805.37 元，销售费用 43 500.00 元，管理费用 28 172.79 元，财务费用 5.00 元，所得税费用 2 288.70 元。请填制记账凭证（表 2-102），相关数据参见表 2-103、2-104、2-105。

表 2-102

记 账 凭 证

年　　月　　日　　　　会字第 $34\frac{1}{2}$ 号

摘　要	总账科目	明细科目	√	借　方										贷　方									
				千	百	十	万	千	百	十	元	角	分	千	百	十	万	千	百	十	元	角	分
合　　计																							

附件　张

财会主管：　　记账：　　出纳：　　复核：　　制单：

表 2-103

记 账 凭 证

年　　月　　日　　　　会字第 $34\frac{2}{2}$ 号

摘　要	总账科目	明细科目	√	借　方										贷　方									
				千	百	十	万	千	百	十	元	角	分	千	百	十	万	千	百	十	元	角	分
合　　计																							

附件　张

财会主管：　　记账：　　出纳：　　复核：　　制单：

表2-104

2014年12月成本费用类账户发生额汇总表

2014年12月31日　　　　单位：元

序　号	账户名称	借方发生额
1	主营业务成本	202 918.53
2	其他业务成本	1 823.08
3	营业税金及附加	805.37
4	销售费用	43 500.00
5	管理费用	28 172.79
6	财务费用	5.00
合　计		279 513.47

会计主管：　　　　复核：　　　　制表：柯广庆

表2-105

所得税费用计算表

2014年12月31日　　　　单位：元

销售收入	可调整额	核定应税所得率	所得税税率	本期应纳所得税
228 870.08	0	20%	5%	2 288.70
合　计				2 288.70

会计主管：　　　　复核：　　　　制表：柯广庆

说明：核定应税所得率征收的企业所得税=收入×核定应税所得率×税率

=228 870.08×20%×5%=2 288.70

35. 联光结转12月份本年利润账户。请填制记账凭证（表2-106），相关数据参见表2-107。

表2-106

记 账 凭 证

年　　月　　日　　　　会字第<u>35</u>号

摘　要	总账科目	明细科目	√	借　方										贷　方									
				千	百	十	万	千	百	十	元	角	分	千	百	十	万	千	百	十	元	角	分
合　　计																							

附件　张

财会主管：　　记账：　　出纳：　　复核：　　制单：

表2-107

2014年12月份利润计算表

2014年12月31日　　单位：元

本年利润(本月)	借方发生额	贷方发生额	借方余额
	279 513.47	228 870.08	50 643.39

会计主管：　　复核：　　制表：柯广庆

实训三　练习过账、结账、试算平衡表的编制

(一)目的

掌握过账、结账并进行试算平衡。

(二)资料及要求

1. 该企业会计核算组织形式采用集中核算形式，账务处理程序采用记账凭证核算程序。

2. 根据该企业2014年11月的资产负债表(参见表3-1)和实训二填制的记账凭证，逐笔登记总分类账户并进行结账和试算平衡。

表3-1

资产负债表

(适用执行企业会计准则的一般企业)

纳税人识别号：349502705063466　　所属日期：2014年11月01至2014年11月30日

编制单位：马鞍山市联光电源制造厂　　填报日期：2014年12月10日　　单位：元

资产	期末数	年初数	负债和所有者权益	期末数	年初数
流动资产			**流动负债**		
货币资金	260 452.58	311 584.27	短期借款	50 000.00	50 000.00
应收票据	50 497.94	50 497.94	应付票据		
应收账款	581 673.30	342 985.98	应付账款	122 919.62	322 919.62
预付账款	99 102.43	99 102.43	预收账款	1 073 050.29	893 050.29
其他应收款			应付职工薪酬	98 104.14	98 104.14
存货	93 658.11	93 658.11	应交税费	13 014.87	8 629.24
其他流动资产			应付股利		
流动资产合计			其他应付款	5 279.10	4 349.71
非流动资产	1 085 384.36	897 828.73	**流动负债合计**	1 362 368.02	1 377 053.00
持有至到期投资			**非流动负债**		
长期股权投资			长期借款	200 000.00	
固定资产	94 354.02	94 354.02	应付债券		
在建工程			**非流动负债合计**	200 000.00	

续　表

资产	期末数	年初数	负债和所有者权益	期末数	年初数
工程物资			**负债合计**	1 562 368.02	1 377 053.00
固定资产清理			**所有者权益**		
无形资产	10 000.00	10 000.00	实收资本	170 704.60	170 704.60
商誉			资本公积		
递延所得税资产			盈余公积		
其他非流动资产合计			未分配利润	−543 334.24	−545 574.85
非流动资产合计	104 354.02	104 354.02	**所有者权益合计**	−372 629.64	−374 870.25
资产总计	1 189 738.38	1 002 182.75	**负债和所有者权益总计**	1 189 738.38	1 002 182.75

货币资金=库存现金10 452.58元+银行存款250 000.00元= 260 452.58元

补充资料：1. 已贴现的商业承兑汇票　　　　元；　3. 库存商品期末余额　　　　元；

2. 融资租入固定资产原价　　　　元；　4. 期末削价准备期末余额　　　　元。

请根据表3–1和实训二的资料，登记库存现金（总分类账）（表3–2）。

表3–2

库存现金（总分类账）

第 1 页

年		凭证号数	摘要	√	借方												贷方												借或贷	余额											
月	日				十	亿	千	百	十	万	千	百	十	元	角	分	十	亿	千	百	十	万	千	百	十	元	角	分		十	亿	千	百	十	万	千	百	十	元	角	分

请根据表3–1和实训二的资料，登记银行存款（总分类账）（表3–3）。

表 3-3

银行存款(总分类账)

第 2 页

年		凭证号数	摘要	√	借方												贷方												借或贷	余额											
月	日				十	亿	千	百	十	万	千	百	十	元	角	分	十	亿	千	百	十	万	千	百	十	元	角	分		十	亿	千	百	十	万	千	百	十	元	角	分

请根据表 3-1 和实训二的资料，登记银行存款(总分类账)(表 3-4)。

表 3-4

银行存款(总分类账)

第 3 页

年		凭证号数	摘要	√	借方												贷方												借或贷	余额											
月	日				十	亿	千	百	十	万	千	百	十	元	角	分	十	亿	千	百	十	万	千	百	十	元	角	分		十	亿	千	百	十	万	千	百	十	元	角	分

请根据表 3-1 和实训二的资料，登记应收票据(总分类账)(表 3-5)。

表3-5

应收票据（总分类账）

第 4 页

年		凭证号数	摘　要	√	借　方												贷　方												借或贷	余　额											
月	日				十	亿	千	百	十	万	千	百	十	元	角	分	十	亿	千	百	十	万	千	百	十	元	角	分		十	亿	千	百	十	万	千	百	十	元	角	分

请根据表3-1和实训二的资料，登记应收账款（总分类账）（表3-6）。

表3-6

应收账款（总分类账）

第 5 页

年		凭证号数	摘　要	√	借　方												贷　方												借或贷	余　额											
月	日				十	亿	千	百	十	万	千	百	十	元	角	分	十	亿	千	百	十	万	千	百	十	元	角	分		十	亿	千	百	十	万	千	百	十	元	角	分

请根据表3-1和实训二的资料，登记预付账款（总分类账）（表3-7）。

表3-7

预付账款（总分类账）

第 6 页

年		凭证号数	摘要	√	借方												贷方												借或贷	余额											
月	日				十	亿	千	百	十	万	千	百	十	元	角	分	十	亿	千	百	十	万	千	百	十	元	角	分		十	亿	千	百	十	万	千	百	十	元	角	分

请根据表3-1和实训二的资料，登记库存商品（总分类账）（表3-8）。

表3-8

库存商品（总分类账）

第 7 页

年		凭证号数	摘要	√	借方												贷方												借或贷	余额											
月	日				十	亿	千	百	十	万	千	百	十	元	角	分	十	亿	千	百	十	万	千	百	十	元	角	分		十	亿	千	百	十	万	千	百	十	元	角	分

请根据表3-1和实训二的资料，登记固定资产（总分类账）（表3-9）。

表3-9

固定资产（总分类账）

第 8 页

年		凭证号数	摘要	√	借方												贷方												借或贷	余额											
月	日				十	亿	千	百	十	万	千	百	十	元	角	分	十	亿	千	百	十	万	千	百	十	元	角	分		十	亿	千	百	十	万	千	百	十	元	角	分

请根据表3-1和实训二的资料，登记累计折扣（总分类账）（表3-10）。

表3-10

累计折旧（总分类账）

第 9 页

年		凭证号数	摘要	√	借方												贷方												借或贷	余额											
月	日				十	亿	千	百	十	万	千	百	十	元	角	分	十	亿	千	百	十	万	千	百	十	元	角	分		十	亿	千	百	十	万	千	百	十	元	角	分

请根据表3-1和实训二的资料，登记无形资产（总分类账）（表3-11）。

表 3-11

无形资产(总分类账)

第 10 页

年		凭证号数	摘要	√	借方												贷方												借或贷	余额											
月	日				十	亿	千	百	十	万	千	百	十	元	角	分	十	亿	千	百	十	万	千	百	十	元	角	分		十	亿	千	百	十	万	千	百	十	元	角	分

请根据表 3-1 和实训二的资料,登记短期借款(总分类账)(表 3-12)。

表 3-12

短期借款(总分类账)

第 11 页

年		凭证号数	摘要	√	借方												贷方												借或贷	余额											
月	日				十	亿	千	百	十	万	千	百	十	元	角	分	十	亿	千	百	十	万	千	百	十	元	角	分		十	亿	千	百	十	万	千	百	十	元	角	分

请根据表 3-1 和实训二的资料,登记应付账款(总分类账)(表 3-13)。

表3-13

应付账款（总分类账）

第 12 页

年		凭证号数	摘要	√	借方												贷方												借或贷	余额											
月	日				十	亿	千	百	十	万	千	百	十	元	角	分	十	亿	千	百	十	万	千	百	十	元	角	分		十	亿	千	百	十	万	千	百	十	元	角	分

请根据表3-1和实训二的资料，登记预收账款（总分类账）（表3-14）。

表3-14

预收账款（总分类账）

第 13 页

年		凭证号数	摘要	√	借方												贷方												借或贷	余额											
月	日				十	亿	千	百	十	万	千	百	十	元	角	分	十	亿	千	百	十	万	千	百	十	元	角	分		十	亿	千	百	十	万	千	百	十	元	角	分

请根据表3-1和实训二的资料，登记应交税费（总分类账）（表3-15）。

表3-15

应交税费（总分类账）

第 14 页

年		凭证号数	摘要	√	借方												贷方												借或贷	余额											
月	日				十	亿	千	百	十	万	千	百	十	元	角	分	十	亿	千	百	十	万	千	百	十	元	角	分		十	亿	千	百	十	万	千	百	十	元	角	分

请根据表3-1和实训二的资料，登记应交税费（总分类账）（表3-16）。

表3-16

应交税费（总分类账）

第 15 页

年		凭证号数	摘要	√	借方												贷方												借或贷	余额											
月	日				十	亿	千	百	十	万	千	百	十	元	角	分	十	亿	千	百	十	万	千	百	十	元	角	分		十	亿	千	百	十	万	千	百	十	元	角	分

请根据表3-1和实训二的资料，登记其他应付款（总分类账）（表3-17）。

表3-17

其他应付款（总分类账）

第 16 页

年		凭证号数	摘要	√	借方											贷方											借或贷	余额										
月	日				十	亿	千	百	十	万	千	百	十	元	角	分	十	亿	千	百	十	万	千	百	十	元	角	分		十	亿	千	百	十	万	千	百	十	元	角	分

请根据表3-1和实训二的资料，登记长期借款（总分类账）（表3-18）。

表3-18

长期借款（总分类账）

第 17 页

年		凭证号数	摘要	√	借方											贷方											借或贷	余额										
月	日				十	亿	千	百	十	万	千	百	十	元	角	分	十	亿	千	百	十	万	千	百	十	元	角	分		十	亿	千	百	十	万	千	百	十	元	角	分

请根据表3-1和实训二的资料，登记实收资本（总分类账）（表3-19）。

表 3-19

实收资本(总分类账)

第 18 页

年		凭证号数	摘要	√	借方												贷方												借或贷	余额											
月	日				十	亿	千	百	十	万	千	百	十	元	角	分	十	亿	千	百	十	万	千	百	十	元	角	分		十	亿	千	百	十	万	千	百	十	元	角	分

请根据表 3-1 和实训二的资料,登记本年利润(总分类账)(表 3-20)。

表 3-20

本年利润(总分类账)

第 19 页

年		凭证号数	摘要	√	借方												贷方												借或贷	余额											
月	日				十	亿	千	百	十	万	千	百	十	元	角	分	十	亿	千	百	十	万	千	百	十	元	角	分		十	亿	千	百	十	万	千	百	十	元	角	分

请根据表 3-1 和实训二的资料,登记利润分配(总分类账)(表 3-21)。

表 3-21

利润分配（总分类账）

第 20 页

年		凭证号数	摘　要	√	借　方	贷　方	借或贷	余　额
月	日				十亿千百十万千百十元角分	十亿千百十万千百十元角分		十亿千百十万千百十元角分

请根据表 3-1 和实训二的资料，登记主营业务收入（总分类账）（表 3-22）。

表 3-22

主营业务收入（总分类账）

第 21 页

年		凭证号数	摘　要	√	借　方	贷　方	借或贷	余　额
月	日				十亿千百十万千百十元角分	十亿千百十万千百十元角分		十亿千百十万千百十元角分

请根据表 3-1 和实训二的资料，登记其他业务收入（总分类账）（表 3-23）。

表 3-23

其他业务收入(总分类账)

第 22 页

年		凭证号数	摘要	√	借方												贷方												借或贷	余额											
月	日				十	亿	千	百	十	万	千	百	十	元	角	分	十	亿	千	百	十	万	千	百	十	元	角	分		十	亿	千	百	十	万	千	百	十	元	角	分

请根据表 3-1 和实训二的资料,登记主营业务成本(总分类账)(表 3-24)。

表 3-24

主营业务成本(总分类账)

第 23 页

年		凭证号数	摘要	√	借方												贷方												借或贷	余额											
月	日				十	亿	千	百	十	万	千	百	十	元	角	分	十	亿	千	百	十	万	千	百	十	元	角	分		十	亿	千	百	十	万	千	百	十	元	角	分

请根据表 3-1 和实训二的资料,登记其他业务成本(总分类账)(表 3-25)。

表3-25

其他业务成本(总分类账)

第 24 页

年		凭证号数	摘要	√	借方												贷方												借或贷	余额											
月	日				十	亿	千	百	十	万	千	百	十	元	角	分	十	亿	千	百	十	万	千	百	十	元	角	分		十	亿	千	百	十	万	千	百	十	元	角	分

请根据表3-1和实训二的资料，登记营业税金及附加(总分类账)(表3-26)。

表3-26

营业税金及附加(总分类账)

第 25 页

年		凭证号数	摘要	√	借方												贷方												借或贷	余额											
月	日				十	亿	千	百	十	万	千	百	十	元	角	分	十	亿	千	百	十	万	千	百	十	元	角	分		十	亿	千	百	十	万	千	百	十	元	角	分

请根据表3-1和实训二的资料，登记销售费用(总分类账)(表3-27)。

表 3-27

销售费用(总分类账)

第 26 页

年		凭证号数	摘要	√	借方												贷方												借或贷	余额											
月	日				十	亿	千	百	十	万	千	百	十	元	角	分	十	亿	千	百	十	万	千	百	十	元	角	分		十	亿	千	百	十	万	千	百	十	元	角	分

请根据表 3-1 和实训二的资料，登记管理费用(总分类账)(表 3-28)。

表 3-28

管理费用(总分类账)

第 27 页

年		凭证号数	摘要	√	借方												贷方												借或贷	余额											
月	日				十	亿	千	百	十	万	千	百	十	元	角	分	十	亿	千	百	十	万	千	百	十	元	角	分		十	亿	千	百	十	万	千	百	十	元	角	分

请根据表 3-1 和实训二的资料，登记财务费用(总分类账)(表 3-29)。

表 3-29

财务费用（总分类账）

第 28 页

年		凭证号数	摘要	√	借方												贷方												借或贷	余额											
月	日				十	亿	千	百	十	万	千	百	十	元	角	分	十	亿	千	百	十	万	千	百	十	元	角	分		十	亿	千	百	十	万	千	百	十	元	角	分

请根据表3-1和实训二的资料，登记所得税费用（总分类账）（表3-30）。

表 3-30

所得税费用（总分类账）

第 29 页

年		凭证号数	摘要	√	借方												贷方												借或贷	余额											
月	日				十	亿	千	百	十	万	千	百	十	元	角	分	十	亿	千	百	十	万	千	百	十	元	角	分		十	亿	千	百	十	万	千	百	十	元	角	分

请根据表3-1和实训二的资料，编制总分类账户发生额及余额试算平衡表（表3-31）。

表3-31

总分类账户发生额及余额试算平衡表

年　　月　　日　　　　单位:元

账户名称	期初余额		本期发生额		期末余额	
	借方	贷方	借方	贷方	借方	贷方
合　计						

实训四　练习总账和明细分类账的平行登记

(一)目的

掌握总账和明细分类账的平行登记方法。

(二)资料及要求

根据该企业2014年12月应交税费总分类账户及其所属明细分类账户期初余额表(见表4-1)和实训二填制的记账凭证,逐笔平行登记应交税费总分类账及其所属明细分类账。

表4-1

应交税费总分类账户及其所属明细分类账户期初余额表

2014年12月1日　　　　单位:元

总账账户	明细账户	借方	贷方
应交税费			13 014.87
	未交增值税		10 264.32
	应交个人所得税		1 913.60
	应交城建税		488.22
	教育费附加		209.24
	地方教育费附加		139.49
	应交印花税		—
	应交水利基金		—

请根据表4-1和实训二的资料，登记应交税费——总账（表4-2）。

表4-2

应交税费 总账

第　　页

年		凭证字号	摘　要	借　方	贷　方	借或贷	余　额
月	日						

请根据表4-1和实训二的资料，登记应交税费——应交增值税明细账（表4-3）。

表 4-3

应交税费　明细账

明细科目:应交增值税　　　　　　　　　　　　　　　　第　　页

年		凭证字号	摘　要	借　方	贷　方	借或贷	余　额
月	日						

请根据表4-1和实训二的资料，登记应交税费——未交增值税明细账（表4-4）。

表4-4

应交税费　明细账

明细科目：未交增值税　　　　第　　页

年		凭证字号	摘　要	借　方	贷　方	借或贷	余　额
月	日						

请根据表4-1和实训二的资料，登记应交税费——应交所得税明细账（表4-5）。

表4-5

应交税费　明细账

明细科目：应交所得税　　　　第　　页

年		凭证字号	摘　要	借　方	贷　方	借或贷	余　额
月	日						

请根据表4-1和实训二的资料，登记应交税费——应交城建税明细账(表4-6)。

表4-6

应交税费　明细账

明细科目：应交城建税　　　　　　　　　　　　　　　　　　　　　　第　　页

年		凭证字号	摘　要	借　方	贷　方	借或贷	余　额
月	日						

请根据表4-1和实训二的资料，登记应交税费——应交教育费附加明细账(表4-7)。

表4-7

应交税费　明细账

明细科目：应交教育费附加　　　　　　　　　　　　　　　　　　　　第　　页

年		凭证字号	摘　要	借　方	贷　方	借或贷	余　额
月	日						

请根据表4-1和实训二的资料，登记应交税费——应交地方教育费附加明细账（表4-8）。

表4-8

应交税费　明细账

明细科目：应交地方教育费附加　　　　　　第　　页

年		凭证字号	摘　要	借　方	贷　方	借或贷	余　额
月	日						

请根据表4-1和实训二的资料，登记应交税费——应交印花税明细账（表4-9）。

表4-9

应交税费　明细账

明细科目：应交印花税　　　　　　第　　页

年		凭证字号	摘　要	借　方	贷　方	借或贷	余　额
月	日						

请根据表4-1和实训二的资料，登记应交税费——应交水利基金明细账（表4-10）。

表4-10

应交税费　明细账

明细科目：应交水利基金　　　　　　　　　　　　　　　　　　　第　　页

年		凭证字号	摘　要	借　方	贷　方	借或贷	余　额
月	日						

实训五　练习编制资产负债表和利润表

（一）目的

掌握资产负债表和利润表的编制方法。

（二）资料及要求

根据实训三编制的试算平衡表和联光2014年11月的利润表（见表5-1）、资产负债表（参见表3-1）编制年度利润表和资产负债表。

表5-1

利 润 表

（适用执行企业会计准则的一般企业）

纳税人识别号：349502705063466　　　　所属日期：2014年11月01至2014年11月30日

编制单位：马鞍山市联光电源制造厂　　　填报日期：2014年12月10日　　　单位：元

项　　目	行次	本月数	本年累计数
一、营业收入	1	191 359.53	1 652 388.86
减：营业成本	2	150 332.49	1 614 212.47
营业税金及附加	3	836.93	5 333.46
销售费用	4		
管理费用	5	100.00	14 078.45
财务费用	6		

续 表

项　　目	行次	本月数	本年累计数
资产减值损失	7		
加：公允价值变动净收益（损失以“－”号填列）	8		
投资收益（损失以“－”号填列）	9		
其中：对联营企业和合营企业的投资收益	10		
二、营业利润	11	40 090.11	18 764.48
加：营业外收入	12		
减：营业外支出	13		
其中：非流动资产处置损失	14		
三、利润总额	15	40 090.11	18 764.48
减：所得税费用	16		
四、净利润	17	40 090.11	18 764.48
五、每股收益	18		
（一）基本每股收益	19		
（二）稀释每股收益	20		

请根据表5-1和表3-1，填写表5-2。

表5-2

利 润 表

（适用执行企业会计准则的一般企业）

纳税人识别号：　　　　所属日期：

编制单位：　　　　填报日期：　年　月　日　　　　单位：元

项　　目	行次	本月数	本年累计数
一、营业收入	1		
减：营业成本	2		
营业税金及附加	3		
销售费用	4		
管理费用	5		
财务费用	6		
资产减值损失	7		
加：公允价值变动净收益（损失以“－”号填列）	8		
投资收益（损失以“－”号填列）	9		
其中：对联营企业和合营企业的投资收益	10		

续　表

项　　目	行次	本月数	本年累计数
二、营业利润	11		
加：营业外收入	12		
减：营业外支出	13		
其中：非流动资产处置损失	14		
三、利润总额	15		
减：所得税费用	16		
四、净利润	17		
五、每股收益	18		
(一)基本每股收益	19		
(二)稀释每股收益	20		

请根据表5-1和表3-1，填写表5-3。

表5-3

资产负债表

会商01表

编制单位：　　　　　　　　　　　　　　年　　月　　日　　　　　　　　　单位：元

资　产	期末数	年初数	负债和所有者权　　益	期末数	年初数
流动资产			**流动负债**		
货币资金			短期借款		
应收票据			应付票据		
预付账款			应付账款		
应收账款			预收账款		
其他应收款			应付职工薪酬		
存货			应交税费		
其他流动资产			应付股利		
流动资产合计			其他应付款		
非流动资产			**流动负债合计**		
持有至到期投资			**非流动负债**		
长期股权投资			长期借款		
固定资产			应付债券		
在建工程			**非流动负债合计**		
工程物资			**负债合计**		

续 表

资　产	期末数	年初数	负债和所有者权　　益	期末数	年初数
固定资产清理			**所有者权益**		
无形资产			实收资本		
商誉			资本公积		
递延所得税资产			盈余公积		
非流动资产合计			未分配利润		
			所有者权益合计		
资产总计			**负债和所有者权益总计**		

补充资料：1. 已贴现的商业承兑汇票　　　　元；　3. 库存商品期末余额　　　　元；
2. 融资租入固定资产原价　　　　元；　4. 期末削价准备期末余额　　　　元。

实训六　练习应交增值税、城建税、教育费附加和地方教育费附加的计算

(一)目的

掌握增值税及与其相关税费的计算方法。

(二)资料及要求

1. 根据下面提供的表格，进行增值税抵扣联与企业网上认证结果清单核对，确认两者是否认证相符，计算确定本期可抵扣的进项税额。

2. 根据下面的表格及实训二的资料计算本期应交的增值税、城建税、教育费附加和地方教育费附加，并填制表6-21、6-22。

根据表6-1和表6-20的相关数据，确认两者是否认证相符并计算该发票本期可抵扣的进项税额。

表6-1

安徽增值税专用发票

3100142170　　　　发　票　联　　　　№ 00985979　3100142170 00985979

（国家税务总局监制　安徽）

开票日期：2014年11月12日

购货单位	名　　称：马鞍山市联光电源制造厂 纳税人识别号：340502705063466 地 址 、电 话：马鞍山市恒兴路49号 0555-2817071 开户行及账号：农商行幸福分理处200000324291103000000106				密码区	略	
货物或应税劳务名称	规格型号	单位	数　量	单　价	金　额	税率	税　额
电机（单）	YZR280S-6 55kW	台	1	11 538.461 538	11 538.46	17%	1 961.54
电机（单）	YZR315M-10 75kW	台	1	18 803.418 803	18 803.42	17%	3 196.58
电机（双）	YZR160M2-6 7.5kW	台	1	2 564.102 564 1	2 564.10	17%	435.90
合　计					¥ 32 905.98		¥ 5 594.02
价税合计（大写）	⊗ 叁万捌仟伍佰元整				（小写）¥ 38 500.00		
销货单位	名　　称：B市AK电机厂有限公司 纳税人识别号：310113XXX438567 地 址 、电 话：A省B市C区D街道100号 000-12345678 开户行及账号：XX银行XX分行XX支行1234567890000000				备注	卡收	

（印章：B市AK电机厂有限公司 310113XXX438567 发票专用章）

收款人：　　　复核：　　　开票人：张群　　　销货单位：（章）

税总函[2014]10号上海印钞有限公司

第二联：抵扣联　购货方扣税凭证

根据表6-2和表6-20的相关数据，确认两者是否认证相符并计算该发票本期可抵扣的进项税额。

表6-2

安徽增值税专用发票

3400142140　　　　发　票　联　　　　№ 00320956　3400142140 00320956

（国家税务总局监制　安徽）

开票日期：2014年11月15日

购货单位	名　　称：马鞍山市联光电源制造厂 纳税人识别号：340502705063466 地 址 、电 话：马鞍山市恒兴路49号 0555-2817071 开户行及账号：农商行幸福分理处200000324291103000000106				密码区	略	
货物或应税劳务名称	规格型号	单位	数　量	单　价	金　额	税率	税　额
三冠电池	6-QW-150(800)	只	16	393.162 393 16	6 290.60	17%	1 069.40
三冠电池	54017C	只	10	205.128 205 13	2 051.28	17%	348.72
合　计					¥ 8 341.88		¥ 1 418.12
价税合计（大写）	⊗ 玖仟柒佰陆拾元整				（小写）¥ 9 760.00		
销货单位	名　　称：B市CK汽车配件贸易有限公司 纳税人识别号：340503XXX954593 地 址 、电 话：A省B市C区D街道100号 000-12345678 开户行及账号：XX银行XX分行XX支行1234567890000000				备注	卡收	

（印章：B市CK汽车配件贸易有限公司 340503XXX954593 发票专用章）

收款人：　　　复核：　　　开票人：张丽秀　　　销货单位：（章）

税总函[2014]10号中钞光华印钞有限公司

第二联：抵扣联　购货方扣税凭证

根据表6-3和表6-20的相关数据，确认两者是否认证相符并计算该发票本期可抵扣的进项税额。

表6-3

安徽增值税专用发票

3400142140 　　发票联　　No 00320957　3400142140 00320957

（全国统一发票监制章 安徽 国家税务总局监制）

开票日期：2014年11月15日

税总函[2014]10号中钞光华印钞有限公司

购货单位	名　　称：马鞍山市联光电源制造厂 纳税人识别号：340502705063466 地 址 、电 话：马鞍山市恒兴路49号 0555-2817071 开户行及账号：农商行幸福分理处20000032429110300000106				密码区	略	
货物或应税劳务名称	**规格型号**	**单位**	**数量**	**单价**	**金额**	**税率**	**税额**
三冠电池	6-QW-48(430)	只	7	196.581 196 58	1 376.07	17%	233.93
三冠电池	6-QA-200	只	4	500.00	2 000.00	17%	340.00
三冠电池	6-QW-135(800)	只	6	405.982 905 98	2 435.90	17%	414.10
合　计					¥ 5 811.97		¥ 988.03
价税合计（大写）	⊗ 陆仟捌佰元整			（小写）¥ 6 800.00			
销货单位	名　　称：B市CK汽车配件贸易有限公司 纳税人识别号：340503XXX954593 地 址 、电 话：A省B市C区D街道100号 000-12345678 开户行及账号：XX银行XX分行XX支行1234567890000000				备注	卡收 （B市CK汽车配件贸易有限公司 340503XXX954593 发票专用章）	

第二联：抵扣联 购货方扣税凭证

收款人：　　　　复核：　　　　开票人：张丽秀　　　　销货单位：（章）

根据表6-4和表6-20的相关数据，确认两者是否认证相符并计算该发票本期可抵扣的进项税额。

表6-4

安徽增值税专用发票

3400134140 　　发票联　　No 03165514　3400134140 03165514

（全国统一发票监制章 安徽 国家税务总局监制）

开票日期：2014年11月15日

税总函[2013]248号深圳光华印钞有限公司

购货单位	名　　称：马鞍山市联光电源制造厂 纳税人识别号：340502705063466 地 址 、电 话：马鞍山市恒兴路49号 0555-2817071 开户行及账号：农商行幸福分理处20000032429110300000106				密码区	略	
货物或应税劳务名称	**规格型号**	**单位**	**数量**	**单价**	**金额**	**税率**	**税额**
三冠电池	65012	只	10	397.435 897 44	3 974.36	17%	675.64
三冠电池	6-QW-54(460)	只	23	222.222 222 22	5 111.11	17%	868.89
合　计					¥ 9 085.47		¥ 1 544.53
价税合计（大写）	⊗ 壹万零陆佰叁拾元整			（小写）¥ 10 630.00			
销货单位	名　　称：B市CK汽车配件贸易有限公司 纳税人识别号：340503XXX954593 地 址 、电 话：A省B市C区D街道100号 000-12345678 开户行及账号：XX银行XX分行XX支行1234567890000000				备注	卡收 （B市CK汽车配件贸易有限公司 340503XXX954593 发票专用章）	

第二联：抵扣联 购货方扣税凭证

收款人：　　　　复核：　　　　开票人：张丽秀　　　　销货单位：（章）

根据表6-5和表6-20的相关数据，确认两者是否认证相符并计算该发票本期可抵扣的进项税额。

表6-5

安徽增值税专用发票

3400134140　　　　发票联　　　　No 03165515　3400134140 03165515

开票日期：2014年11月15日

购货单位	名　　称：马鞍山市联光电源制造厂 纳税人识别号：340502705063466 地 址 、电 话：马鞍山市恒兴路49号 0555-2817071 开户行及账号：农商行幸福分理处20000032429110300000106				密码区	略		
货物或应税劳务名称	规格型号	单位	数量	单价	金额	税率	税额	
三冠电池	6-QW-80(622)	只	15	247.863 247 86	3 717.95	17%	632.05	
三冠电池	6-QW-165(850)	只	12	444.444 444 44	5 333.33	17%	906.67	
合　　计					¥ 9 051.28		¥ 1 538.72	
价税合计(大写)	⊗ 壹万零伍佰玖拾元整			（小写）¥ 10 590.00				
销货单位	名　　称：B市CK汽车配件贸易有限公司 纳税人识别号：340503XXX954593 地 址 、电 话：A省B市C区D街道100号 000-12345678 开户行及账号：XX银行XX分行XX支行1234567890000000				备注	卡收		

收款人：　　复核：　　开票人：张丽秀　　销货单位：（章）

税总函[2014]10号深圳光华印制有限公司

第二联：抵扣联　购货方扣税凭证

根据表6-6和表6-20的相关数据，确认两者是否认证相符并计算该发票本期可抵扣的进项税额。

表6-6

江苏增值税专用发票

3200142170　　　　发票联　　　　No 01752934　3200142170 01752934

开票日期：2014年11月26日

购货单位	名　　称：马鞍山市联光电源制造厂 纳税人识别号：340502705063466 地 址 、电 话：马鞍山市恒兴路49号 0555-2817071 开户行及账号：农商行幸福分理处20000032429110300000106				密码区	略		
货物或应税劳务名称	规格型号	单位	数量	单价	金额	税率	税额	
刀片螺丝	6-QW-150(800)	根	12	76.923 076 923	923.08	17%	156.92	
合　　计					¥923.08		¥156.92	
价税合计(大写)	⊗ 壹仟零捌拾元整			（小写）¥1 080.00				
销货单位	名　　称：B市DK科技股份有限公司 纳税人识别号：320281XXX860088 地 址 、电 话：A省B市C区D街道100号 000-12345678 开户行及账号：XX银行XX分行XX支行1234567890000000				备注	卡收		

收款人：　　复核：　　开票人：李红萍　　销货单位：（章）

税总函[2014]10号中钞光华印制有限公司

第二联：抵扣联　购货方扣税凭证

根据表6-7和表6-20的相关数据，确认两者是否认证相符并计算该发票本期可抵扣的进项税额。

表6-7

上海增值税专用发票

3100142170　　　　发　票　联　　　　№ 00988871　3200142170 00988871

开票日期：2014年12月01日

税总函[2014]10号上海印制有限公司

购货单位	名　　称：马鞍山市联光电源制造厂 纳税人识别号：340502705063466 地 址 、电 话：马鞍山市恒兴路49号 0555-2817071 开户行及账号：农商行幸福分理处20000032429110300000106				密码区	略	
货物或应税劳务名称	规格型号	单位	数 量	单 价	金 额	税率	税 额
电机(单)	YZR200L-8 15kW	台	2	5 555.555 555 6	11 111.11	17%	1 888.89
合　计					¥11 111.11		¥1 888.89
价税合计(大写)	⊗ 壹万叁仟元整			（小写） ¥13 000.00			
销货单位	名　　称：B市AK电机厂有限公司 纳税人识别号：310113XXX438567 地 址 、电 话：A省B市C区D街道100号 000-12345678 开户行及账号：XX银行XX分行XX支行1234567890000000				备注	卡收	

第二联：抵扣联 购货方扣税凭证

收款人：　　　复核：　　　开票人：张群　　　销货单位：(章)

根据表6-8和表6-20的相关数据，确认两者是否认证相符并计算该发票本期可抵扣的进项税额。

表6-8

江苏增值税专用发票

3200142140　　　　发　票　联　　　　№ 18920340　3200142140 18920340

开票日期：2014年12月12日

税总函[2014]10号南京造币有限公司

购货单位	名　　称：马鞍山市联光电源制造厂 纳税人识别号：340502705063466 地 址 、电 话：马鞍山市恒兴路49号 0555-2817071 开户行及账号：农商行幸福分理处20000032429110300000106				密码区	略	
货物或应税劳务名称	规格型号	单位	数 量	单 价	金 额	税率	税 额
电瓶		只	1	444.444 444 44	444.44	17%	75.56
电瓶		只	30	427.350 427 35	12 820.51	17%	2 179.49
电瓶		只	30	470.085 470 09	14 102.56	17%	2 397.44
电瓶		只	30	512.820 512 82	15 384.62	17%	2 615.38
合　计					¥42 752.13		¥7 267.87
价税合计(大写)	⊗ 伍万零贰拾元整			（小写） ¥50 020.00			
销货单位	名　　称：B市QK蓄电池销售有限公司 纳税人识别号：320102XXX687792 地 址 、电 话：A省B市C区D街道100号 000-12345678 开户行及账号：XX银行XX分行XX支行1234567890000000				备注	卡收	

第二联：抵扣联 购货方扣税凭证

收款人：　　　复核：　　　开票人：贺凤　　　销货单位：(章)

根据表6-9和表6-20的相关数据，确认两者是否认证相符并计算该发票本期可抵扣的进项税额。

表6-9

安徽增值税专用发票

全国统一发票监制章 安徽 国家税务总局监制

3400142140　　　　发　票　联　　　　No 00320984　3400142140 00320984

开票日期：2014年12月15日

税总函[2014]10号中钞光华印制有限公司

购货单位	名称：马鞍山市联光电源制造厂 纳税人识别号：340502705063466 地址、电话：马鞍山市恒兴路49号 0555-2817071 开户行及账号：农商行幸福分理处20000032429110300000106				密码区	略	
货物或应税劳务名称	规格型号	单位	数量	单价	金额	税率	税额
骆驼蓄电池	95D31RXMF	只	9	333.333 333 33	3 000.00	17%	510.00
骆驼蓄电池	65MF	只	7	303.418 803 42	2 123.93	17%	361.07
骆驼蓄电池	85550MF	只	4	282.051 282 05	1 128.21	17%	191.79
合计					￥6 252.14		￥1 062.86
价税合计（大写）	⊗柒仟叁佰壹拾伍元整			（小写）￥7 315.00			
销货单位	名称：B市CK汽车配件贸易有限公司 纳税人识别号：340503XXX954593 地址、电话：A省B市C区D街道100号 000-12345678 开户行及账号：XX银行XX分行XX支行1234567890000000				备注	卡收 B市CK汽车配件贸易有限公司 340503XXX954593 发票专用章	

第二联：抵扣联 购货方扣税凭证

收款人：　　　复核：　　　开票人：张丽秀　　　销货单位：（章）

根据表6-10和表6-20的相关数据，确认两者是否认证相符并计算该发票本期可抵扣的进项税额。

表6-10

安徽增值税专用发票

全国统一发票监制章 安徽 国家税务总局监制

3400142140　　　　发　票　联　　　　No 00320982　3400142140 00320982

开票日期：2014年12月15日

税总函[2014]10号中钞光华印制有限公司

购货单位	名称：马鞍山市联光电源制造厂 纳税人识别号：340502705063466 地址、电话：马鞍山市恒兴路49号 0555-2817071 开户行及账号：农商行幸福分理处20000032429110300000106				密码区	略	
货物或应税劳务名称	规格型号	单位	数量	单价	金额	税率	税额
骆驼蓄电池	195MFK	只	9	752.136 752 14	6 769.23	17%	1 150.77
骆驼蓄电池	54MF	只	10	282.051 282 05	2 820.51	17%	479.49
合计					￥9 589.74		￥1 630.26
价税合计（大写）	⊗壹万壹仟贰佰贰拾元整			（小写）￥11 220.00			
销货单位	名称：B市CK汽车配件贸易有限公司 纳税人识别号：340503XXX954593 地址、电话：A省B市C区D街道100号 000-12345678 开户行及账号：XX银行XX分行XX支行1234567890000000				备注	卡收 B市CK汽车配件贸易有限公司 340503XXX954593 发票专用章	

第二联：抵扣联 购货方扣税凭证

收款人：　　　复核：　　　开票人：张丽秀　　　销货单位：（章）

根据表6-11和表6-20的相关数据，确认两者是否认证相符并计算该发票本期可抵扣的进项税额。

表6-11

安徽增值税专用发票

全国统一发票监制章 安徽 国家税务总局监制

发 票 联

3400142140　　　　No 00320981　　3400142140 00320981

开票日期：2014年12月15日

税总函[2014]10号中钞光华印制有限公司

购货单位	名　　称：马鞍山市联光电源制造厂 纳税人识别号：340502705063466 地址、电话：马鞍山市恒兴路49号 0555-2817071 开户行及账号：农商行幸福分理处 20000032429110300000106				密码区	略	
货物或应税劳务名称	规格型号	单位	数量	单价	金额	税率	税额
骆驼蓄电池	150MFK	只	15	529.914 529 91	7 948.72	17%	1 351.28
骆驼蓄电池	58500MF	只	8	247.863 247 86	1 982.91	17%	337.09
合　计					¥ 9 931.63		¥1 688.37
价税合计（大写）	⊗ 壹万壹仟陆佰贰拾元整　　（小写） ¥11 620.00						
销货单位	名　　称：B市CK汽车配件贸易有限公司 纳税人识别号：340503XXX954593 地址、电话：A省B市C区D街道100号 000-12345678 开户行及账号：XX银行XX分行XX支行1234567890000000				备注	卡收	

B市CK汽车配件贸易有限公司 340503XXX954593 发票专用章

第二联：抵扣联 购货方扣税凭证

收款人：　　复核：　　开票人：张丽秀　　销货单位：（章）

根据表6-12和表6-20的相关数据，确认两者是否认证相符并计算该发票本期可抵扣的进项税额。

表6-12

安徽增值税专用发票

全国统一发票监制章 安徽 国家税务总局监制

发 票 联

3400142140　　　　No 00320983　　3400142140 00320983

开票日期：2014年12月15日

税总函[2014]10号中钞光华印制有限公司

购货单位	名　　称：马鞍山市联光电源制造厂 纳税人识别号：340502705063466 地址、电话：马鞍山市恒兴路49号 0555-2817071 开户行及账号：农商行幸福分理处 20000032429110300000106				密码区	略	
货物或应税劳务名称	规格型号	单位	数量	单价	金额	税率	税额
骆驼蓄电池	95D31RXMF	只	26	333.333 333 33	8 666.67	17%	1 473.33
合　计					¥ 8 666.67		¥1 473.33
价税合计（大写）	⊗ 壹万零壹佰肆拾元整　　（小写） ¥10 140.00						
销货单位	名　　称：B市CK汽车配件贸易有限公司 纳税人识别号：340503XXX954593 地址、电话：A省B市C区D街道100号 000-12345678 开户行及账号：XX银行XX分行XX支行1234567890000000				备注	卡收	

B市CK汽车配件贸易有限公司 340503XXX954593 发票专用章

第二联：抵扣联 购货方扣税凭证

收款人：　　复核：　　开票人：张丽秀　　销货单位：（章）

根据表6-13和表6-20的相关数据，确认两者是否认证相符并计算该发票本期可抵扣的进项税额。

表6-13

安徽增值税专用发票

（全国统一发票监制章 安徽 国家税务总局监制）

3400142140　　发票联　　No 00376591　3400142140 00376591

开票日期：2014年12月16日

购货单位	名　称：马鞍山市联光电源制造厂 纳税人识别号：340502705063466 地 址 、电 话：马鞍山市恒兴路49号0555-2817071 开户行及账号：农商行幸福分理处20000032429110300000106				密码区	略	
货物或应税劳务名称	规格型号	单位	数 量	单 价	金 额	税率	税 额
骆驼蓄电池	120MFK	只	7	444.444 444 44	3 111.11	17%	528.89
骆驼蓄电池	100MFT	只	13	358.974 358 97	4 666.67	17%	793.33
骆驼蓄电池	78-550MF	只	3	358.974 358 97	1 076.92	17%	183.08
合　计					¥ 8 854.70		¥1 505.30
价税合计（大写）	⊗ 壹万零叁佰陆拾元整			（小写） ¥10 360.00			
销货单位	名　称：B市CK汽车配件贸易有限公司 纳税人识别号：340503XXX954593 地 址 、电 话：A省B市C区D街道100号 000-12345678 开户行及账号：XX银行XX分行XX支行1234567890000000				备注	卡收	

（B市CK汽车配件贸易有限公司 340503XXX954593 发票专用章）

收款人：　　复核：　　开票人：张丽秀　　销货单位：（章）

税总函[2014]10号中钞光华印制有限公司　　第二联：抵扣联 购货方扣税凭证

根据表6-14和表6-20的相关数据，确认两者是否认证相符并计算该发票本期可抵扣的进项税额。

表6-14

安徽增值税专用发票

（全国统一发票监制章 安徽 国家税务总局监制）

3400142140　　发票联　　No 01670841　3400142140 01670841

开票日期：2014年12月16日

购货单位	名　称：马鞍山市联光电源制造厂 纳税人识别号：340502705063466 地 址 、电 话：马鞍山市恒兴路49号 0555-2817071 开户行及账号：农商行幸福分理处20000032429110300000106				密码区	略	
货物或应税劳务名称	规格型号	单位	数 量	单 价	金 额	税率	税 额
160*4.0PVC排水管		米	230	25.256 410 256	5 808.97	17%	987.53
160直节		只	320	6.632 478 632 5	2 122.39	17%	360.81
75直节		只	220	1.923 076 923 1	423.08	17%	71.92
110直节		只	300	2.863 247 863 2	858.97	17%	146.03
合　计					¥ 9 213.41		¥1 566.29
价税合计（大写）	⊗ 壹万零柒佰柒拾玖元柒角整			（小写） ¥10 779.70			
销货单位	名　称：B市HK建材销售有限公司 纳税人识别号：340207XXX178436 地 址 、电 话：A省B市C区D街道100号 000-12345678 开户行及账号：XX银行XX分行XX支行1234567890000000				备注	卡收	

（芜湖HK建材销售有限公司 340207XXX178436 发票专用章）

收款人：　　复核：　　开票人：潘晨　　销货单位：（章）

税总函[2014]10号中钞光华印制有限公司　　第二联：抵扣联 购货方扣税凭证

根据表6-15和表6-20的相关数据，确认两者是否认证相符并计算该发票本期可抵扣的进项税额。

表6-15

陕西增值税专用发票

6100121170 No 00494462 6100121170 00494462

发票联

开票日期：2014年12月17日

购货单位	名　　称：马鞍山市联光电源制造厂 纳税人识别号：340502705063466 地 址 、电 话：马鞍山市恒兴路49号 0555-2817071 开户行及账号：农商行幸福分理处20000032429110300000106	密码区	略

货物或应税劳务名称	规格型号	单位	数 量	单 价	金 额	税率	税 额
零部件	YRKK5001-8-355kW-6KV 冷却器	台	1	12 393.162 393	12 393.16	17%	2 106.84
零部件	YRKK5001-8-355kW-6KV 外风扇	件	1	1 623.931 623 9	1 623.93	17%	276.07
合　计					￥ 14 017.09		￥2 382.91
价税合计（大写）	⊗ 壹万陆仟肆佰元整			（小写） ￥16 400.00			

销货单位	名　　称：B市JK西玛电机有限公司 纳税人识别号：610197XXX602505 地 址 、电 话：A省B市C区D街道100号 000-12345678 开户行及账号：XX银行XX分行XX支行1234567890000000	备注	卡收

（印章：B市JK西玛电机有限公司 610197XXX602505 发票专用章）

收款人：　　复核：　　开票人：：徐远芳　　销货单位：（章）

国税函[2011]645号西安印钞有限公司

第二联：抵扣联 购货方扣税凭证

据表6-16和表6-20的相关数据，确认两者是否认证相符并计算该发票本期可抵扣的进项税额。

表6-16

安徽增值税专用发票

3200142140 No 00296320 3200142140 00296320

发票联

开票日期：2014年12月19日

购货单位	名　　称：马鞍山市联光电源制造厂 纳税人识别号：340502705063466 地 址 、电 话：马鞍山市恒兴路49号 0555-2817071 开户行及账号：农商行幸福分理处20000032429110300000106	密码区	略

货物或应税劳务名称	规格型号	单位	数 量	单 价	金 额	税率	税 额
维修费用		辆	1	1 823.076 923 1	1 823.08	17%	309.92
合　计					￥ 1 823.08		￥ 309.92
价税合计（大写）	⊗ 贰仟壹佰叁拾叁元整			（小写） ￥ 2 133.00			

销货单位	名　　称：B市LK汽车销售服务有限公司 纳税人识别号：340506XXX425070 地 址 、电 话：A省B市C区D街道100号 000-12345678 开户行及账号：XX银行XX分行XX支行1234567890000000	备注	卡收

（印章：B市LK汽车销售服务有限公司 340506XXX425070 发票专用章）

收款人：　　复核：　　开票人：王燕　　销货单位：（章）

税总函[2014]10号中钞光华印制有限公司

第二联：抵扣联 购货方扣税凭证

根据表6-17和表6-20的相关数据，确认两者是否认证相符并计算该发票本期可抵扣的进项税额。

表6-17

江苏增值税专用发票

3200142140　　发　票　联　　No 21371467　3200142140 21371467

（全国统一发票监制章　江苏　国家税务总局监制）

开票日期：2014年12月19日

购货单位	名　　称：马鞍山市联光电源制造厂 纳税人识别号：340502705063466 地 址 、电 话：马鞍山市恒兴路49号 0555-2817071 开户行及账号：农商行幸福分理处200000324291103000000106				密码区	略	
货物或应税劳务名称	规格型号	单位	数 量	单 价	金　额	税率	税　额
电线	BV4	米	4 500	1.844 444 444 4	8 300.00	17%	1 411.00
电线	BV2.5	米	5 000	1.158 974 359	5 794.87	17%	985.13
电线	BV1.5	米	1 800	0.716 524 213 7	1 289.74	17%	219.26
合　计					¥ 15 384.61		¥ 2 615.39
价税合计（大写）	⊗ 壹万捌仟元整　　（小写）¥ 18 000.00						
销货单位	名　　称：B市MK电力工程技术有限公司 纳税人识别号：320481XXX482788 地 址 、电 话：A省B市C区D街道100号 000-12345678 开户行及账号：XX银行XX分行XX支行1234567890000000				备注	卡收（B市MK电力工程技术有限公司 320481XXX482788 发票专用章）	

收款人：　　复核：　　开票人：潘莉　　销货单位：（章）

税总函[2014]10号南京造币有限公司

第二联：抵扣联　购货方扣税凭证

根据表6-18和表6-20的相关数据，确认两者是否认证相符并计算该发票本期可抵扣的进项税额。

表6-18

安徽增值税专用发票

3400134140　　发　票　联　　No 03247828　3400134140 03247828

（全国统一发票监制章　安徽　国家税务总局监制）

开票日期：2014年12月20日

购货单位	名　　称：马鞍山市联光电源制造厂 纳税人识别号：340502705063466 地 址 、电 话：马鞍山市恒兴路49号 0555-2817071 开户行及账号：农商行幸福分理处200000324291103000000106				密码区	略	
货物或应税劳务名称	规格型号	单位	数 量	单 价	金　额	税率	税　额
轮胎		条	2	512.820 512 82	1 025.64	17%	174.36
合　计					¥ 1 025.64		¥174.36
价税合计（大写）	⊗ 壹仟贰佰元整　　（小写）¥1 200.00						
销货单位	名　　称：B市TTK轮胎有限责任公司 纳税人识别号：340503XXX974000 地 址 、电 话：A省B市C区D街道100号 000-12345678 开户行及账号：XX银行XX分行XX支行1234567890000000				备注	卡收（B市TTK轮胎有限责任公司 340503XXX974000 发票专用章）	

收款人：　　复核：　　开票人：朱道珍　　销货单位：（章）

税总函[2013]248号深圳光华印制有限公司

第二联：抵扣联　购货方扣税凭证

根据表6-19和表6-20的相关数据，确认两者是否认证相符并计算该发票本期可抵扣的进项税额。

表6-19

企业网上认证结果通知书

马鞍山市联光电源制造厂(340502705063466):

2014年12月通过网上认证的增值税专用发票抵扣联发票共18份。
经过认证,认证相符的专用发票18份。
税额34 806.09元。
认证详细情况请见本通知所附清单。

打印日期:2014-12-30

根据表6-20,进行增值税抵扣联与企业网上认证结果清单核对,确认两者是否认证相符,计算确定本期可抵扣的进项税额。

表6-20

企业网上认证结果清单

(认证相符)

认证日期:2014年12月
企业名称:马鞍山市联光电源制造厂　税号:340502705063466　金额、税额单位:元

序号	发票代码	号码	购货方税号	销货方税号	开票日期	金额	税额	次数
1	3100142170	00985979	340502705063466	310113XXX438567	2014-11-12	32 905.98	5 594.02	1
2	3400142140	00320956	340502705063466	340503XXX954593	2014-11-15	8 341.88	1 418.12	1
3	3400142140	00320957	340502705063466	340503XXX954593	2014-11-15	5 811.97	988.03	1
4	3400142140	03165514	340502705063466	340503XXX954593	2014-11-15	9 085.47	1 544.53	1
5	3400142140	03165515	340502705063466	340503XXX954593	2014-11-15	9 051.28	1 538.72	1
6	3200142170	01752934	340502705063466	320281XXX860088	2014-11-26	923.08	156.92	1
7	3100142170	00988871	340502705063466	310113XXX438567	2014-12-01	11 111.11	1 888.89	1
8	3200142140	18920340	340502705063466	320102XXX687792	2014-12-12	42 752.13	7 267.87	1
9	3400142140	00320984	340502705063466	340503XXX954593	2014-12-15	6 252.14	1 062.86	1
10	3400142140	00320982	340502705063466	340503XXX954593	2014-12-15	9 589.74	1 630.26	1
11	3400142140	00320981	340502705063466	340503XXX954593	2014-12-15	9 931.63	1 688.37	1
12	3400142140	00320983	340502705063466	340503XXX954593	2014-12-15	8 666.67	1 473.33	1
13	3400142140	00376591	340502705063466	340503XXX954593	2014-12-16	8 854.70	1 505.30	1
14	3400142140	01670841	340502705063466	340207XXX178436	2014-12-16	9 213.41	1 566.29	1
15	6100121170	00494462	340502705063466	610197XXX602505	2014-12-17	14 017.09	2 382.91	1
16	3400142140	00296320	340502705063466	340506XXX425070	2014-12-19	1 823.08	309.92	1
17	3200142140	21371467	340502705063466	340481XXX482788	2014-12-19	15 384.61	2 615.39	1
18	3400134140	03247828	340502705063466	340503XXX974000	2014-12-20	1 025.64	174.36	1
合计:			份数:18			204 741.61	34 806.09	

根据以上资料计算本期应交的增值税、城市维护建设税、教育费附加和地方教育费附加，并填制表6-21、6-22。

表6-21

应交增值税计算表

年　月　日　　　　单位：元

当期销项税	当期进项税	当期进项税额转出	已交税金	应交增值税

会计主管：　　　　复核：　　　　制表：

表6-22

应交城建税和教育费附加计算表

年　月　日　　　　单位：元

税费名称	计算依据	计算比例	计算金额	备　注
城市维护建设税				
教育费附加				
地方教育费附加				
合　计				

会计主管：　　　　复核：　　　　制表：

三、实训参考答案(部分)

实训一 (参考答案略)

实训二 练习记账凭证的填制和审核

1. 借:库存商品　32 905.98
　　应交税费——应交增值税(进项税额)　5 594.02
　　贷:预付账款　38 500.00

2. 借:库存商品　32 290.60
　　应交税费——应交增值税(进项税额)　5 489.40
　　贷:预付账款　37 780.00

3. 借:库存商品　923.08
　　应交税费——应交增值税(进项税额)　156.92
　　贷:预付账款　1 080.00

4. 借:库存商品　11 111.11
　　应交税费——应交增值税(进项税额)　1 888.89
　　贷:银行存款　13 000.00

5. 借:应收账款　32 265.92
　　贷:主营业务收入　27 577.71
　　　应交税费——应交增值税(销项税额)　4 688.21

6. 借:应付职工薪酬　150 000.00
　　贷:银行存款　150 000.00

7. 借:银行存款　50 732.37
　　贷:应收账款　50 732.37

8. 借:应收账款　888.00
　　贷:主营业务收入　758.98
　　　应交税费——应交增值税(销项税额)　129.02

9. 借:应收账款　133 000.00
　　贷:主营业务收入　113 675.21
　　　应交税费——应交增值税(销项税额)　19 324.79

10. 借:库存商品　42 752.13
　　应交税费——应交增值税(进项税额)　7 267.87
　　贷:银行存款　50 020.00

11. 借:应交税费——应交城建税　　488.22
　　　　　　　——应交教育费附加　　209.24
　　　　　　　——应交地方教育附加　　139.49
　　贷:银行存款　　836.95
12. 借:应交税费——应交个人所得税　　1 913.60
　　贷:银行存款　　1 913.60
13. 借:应交税费——未交增值税　　6 974.60
　　贷:银行存款　　6 974.60
14. 借:库存商品　　34 440.18
　　应交税费——应交增值税(进项税额)　　5 854.82
　　贷:银行存款　　40 295.00
15. 借:库存商品　　8 854.70
　　应交税费——应交增值税(进项税额)　　1 505.30
　　贷:银行存款　　10 360.00
16. 借:库存商品　　9 213.41
　　应交税费——应交增值税(进项税额)　　1 566.29
　　贷:银行存款　　10 779.70
17. 借:应收账款　　88 184.07
　　贷:主营业务收入　　75 371.00
　　　应交税费——应交增值税(销项税额)　　12 813.07
18. 借:财务费用　　5.00
　　贷:银行存款　　5.00
19. 借:库存商品　　14 017.09
　　应交税费——应交增值税(进项税额)　　2 382.91
　　贷:银行存款　　16 400.00
20. 借:其他业务成本　　1 823.08
　　应交税费——应交增值税(进项税额)　　309.92
　　贷:银行存款　　2 133.00
21. 借:库存商品　　15 384.61
　　应交税费——应交增值税(进项税额)　　2 615.39
　　贷:银行存款　　18 000.00
22. 借:应收账款　　8 870.00
　　贷:主营业务收入　　7 581.20
　　　应交税费——应交增值税(销项税额)　　1 288.80
23. 借:库存商品　　1 025.64
　　应交税费——应交增值税(进项税额)　　174.36
　　贷:银行存款　　1 200.00
24. 借:应收账款　　4 570.00
　　贷:其他业务收入　　3 905.98
　　　应交税费——应交增值税(销项税额)　　664.02

25. 借:银行存款　　888.00
　　贷:应收账款　　888.00
26. 借:银行存款　　30 800.00
　　贷:应收账款　　30 800.00
27. 借:营业税金及附加　　492.22
　　贷:应交税费——应交城建税　　287.13
　　　　——应交教育费附加　　123.05
　　　　——应交地方教育附加费　　82.04
28. 借:销售费用　　35 000.00
　　管理费用　　25 000.00
　　贷:应付职工薪酬　　60 000.00
29. 借:营业税金及附加　　313.15
　　管理费用　　146.55
　　贷:应交税费——应交印花税　　146.55
　　　应交税费——应交水利基金　　313.15
30. 借:所得税费用　　2 288.70
　　贷:应交税费——应交个人所得税　　2 288.70
31. 借:销售费用　　8 500.00
　　管理费用　　3 026.24
　　贷:累计折旧　　11 526.24
32. 借:主营业务成本　　202 918.53
　　贷:库存商品　　202 918.53
33. 借:主营业务收入　　224 964.10
　　其他业务收入　　3 905.98
　　贷:本年利润　　228 870.08
34. 借:本年利润　　279 513.47
　　贷:主营业务成本　　202 918.53
　　　其他业务成本　　1 823.08
　　　营业税金及附加　　805.37
　　　销售费用　　43 500.00
　　　管理费用　　28 172.79
　　　财务费用　　5.00
　　　所得税费用　　2 288.70

或者:

34-1 借:本年利润　　277 224.77
　　贷:主营业务成本　　202 918.53
　　　其他业务成本　　1 823.08
　　　营业税金及附加　　805.37
　　　销售费用　　43 500.00

　　　管理费用　　　　　　　　28 172.79
　　　财务费用　　　　　　　　5.00
34-2 借：本年利润　　　　　　2 288.70
　　　贷：所得税费用　　　　　　2 288.70
35. 借：利润分配——未分配利润　　50 643.39
　　　贷：本年利润　　　　　　50 643.39

实训三　练习过账、结账、试算平衡表的编制

（以“T”型账户代替总分类账进行过账、结账）

库存现金

借方		贷方	
期初余额	10 452.58		
本期发生额	0	本期发生额	0
期末余额	10 452.58		

银行存款

借方		贷方	
期初余额	250 000.00		
(7)	50 732.37	(4)	13 000.00
(25)	888.00	(6)	150 000.00
(26)	30 800.00	(10)	50 020.00
		(11)	836.95
		(12)	1 913.60
		(13)	6 974.60
		(14)	40 295.00
		(15)	10 360.00
		(16)	10 779.70
		(18)	5.00
		(19)	16 400.00
		(20)	2 133.00
		(21)	18 000.00
		(23)	1 200.00
本期发生额	82 420.37	本期发生额	321 917.85
期末余额	10 502.52		

应收票据

借方		贷方	
期初余额	50 497.94		
期末余额	50 497.94		

预付账款

借方		贷方	
期初余额	99 102.43		
		(1)	38 500.00
		(2)	37 780.00
		(3)	1 080.00
本期发生额	0	本期发生额	77 360.00
期末余额	21 742.43		

三、实训参考答案（部分）

应收账款

借方		贷方	
期初余额	581 673.30		
(5)	32 265.92	(7)	50 732.37
(8)	888.00	(25)	888.00
(9)	133 000.00	(26)	30 800.00
(17)	88 184.07		
(22)	8 870.00		
(24)	4 570.00		
本期发生额	267 777.99	本期发生额	82 420.37
期末余额	767 030.92		

库存商品

借方		贷方	
期初余额	93 658.11		
(1)	32 905.98	(32)	202 918.53
(2)	32 290.60		
(3)	923.08		
(4)	11 111.11		
(10)	42 752.13		
(14)	34 440.18		
(15)	8 854.70		
(16)	9 213.41		
(19)	14 017.09		
(21)	15 384.61		
(23)	1 025.64		
本期发生额	202 918.53	本期发生额	202 918.53
期末余额	93 658.11		

固定资产

借方		贷方	
期初余额	94 354.02		
期末余额	94 354.02		

累计折旧

借方		贷方	
		(31)	11 526.24
本期发生额	0	本期发生额	11 526.24
		期末余额	11 526.24

无形资产

借方		贷方	
期初余额	10 000.00		
期末余额	10 000.00		

短期借款

借方		贷方	
		期初余额	50 000.00
		期末余额	50 000.00

应付账款

借方		贷方	
		期初余额	122 919.62
		期末余额	122 919.62

预收账款

借方		贷方	
		期初余额	1 073 050.29
		期末余额	1 073 050.29

应付职工薪酬

借方		贷方	
		期初余额	98 104.14
(6)	150 000.00	(28)	60 000.00
本期发生额	150 000.00	本期发生额	60 000.00
		期末余额	8 104.14

应交税费

借方		贷方	
		期初余额	13 014.87
(1)	5 594.02	(5)	4 688.21
(2)	5 489.40	(8)	129.02
(3)	156.92	(9)	19 324.79
(4)	1 888.89	(17)	12 813.07
(10)	7 267.87	(22)	1 288.80
(11)	836.95	(24)	664.02
(12)	1 913.60	(27)	492.22
(13)	6 974.60	(29)	459.70
(14)	5 854.82	(30)	2 288.70
(15)	1 505.30		
(16)	1 566.29		
(19)	2 382.91		
(20)	309.92		
(21)	2 615.39		
(23)	174.36		
本期发生额	44 531.24	本期发生额	42 148.53
		期末余额	10 632.16

借方	其他应付款		贷方
		期初余额	5 279.10
		期末余额	5 279.10

借方	长期借款		贷方
		期初余额	200 000.00
		期末余额	200 000.00

借方	实收资本		贷方
		期初余额	170 704.60
本期发生额	0	本期发生额	0
		期末余额	170 704.60

借方	本年利润		贷方
(34)	279 513.47	(33)	228 870.08
		(35)	50 643.39
本期发生额	279 513.47	本期发生额	279 513.47

借方	利润分配		贷方
期初余额	543 334.24		
(35)	50 643.39		
本期发生额	50 643.39	本期发生额	0
期末余额	593 977.63		

借方	主营业务收入		贷方
(33)	224 964.10	(5)	27 577.71
		(8)	758.98
		(9)	113 675.21
		(17)	75 371.00
		(22)	7 581.20
本期发生额	224 964.10	本期发生额	224 964.10

借方	其他业务收入		贷方
(33)	3 905.98	(24)	3 905.98
本期发生额	3 905.98	本期发生额	3 905.98

借方	主营业务成本		贷方
(32)	202 918.53	(34)	202 918.53
本期发生额	202 918.53	本期发生额	202 918.53

借方	其他业务成本		贷方
(20)	1 823.08	(34)	1 823.08
本期发生额	1 823.08	本期发生额	1 823.08

借方	营业税金及附加		贷方
(27)	492.22	(34)	805.37
(29)	313.15		
本期发生额	805.37	本期发生额	805.37

借方	销售费用		贷方
(28)	35 000.00	(34)	43 500.00
(31)	8 500.00		
本期发生额	43 500.00	本期发生额	43 500.00

借方	管理费用		贷方
(28)	25 000.00	(34)	28 172.79
(29)	146.55		
(31)	3 026.24		
本期发生额	28 172.79	本期发生额	28 172.79

借方	财务费用		贷方
(18)	5.00	(34)	5.00
本期发生额	5.00	本期发生额	5.00

借方	所得税费用		贷方
(30)	2 288.70	(34)	2 288.70
本期发生额	2 288.70	本期发生额	2 288.70

本书第72页表3-31答案如下：

总分类账户发生额及余额试算平衡表

2015年1月1日　　　　单位:元

账户名称	期初余额		本期发生额		期末余额	
	借方	贷方	借方	贷方	借方	贷方
库存现金	10 452.58				10 452.58	
银行存款	250 000.00		82 420.37	321 917.85	10 502.52	
应收票据	50 497.94				50 497.94	
预付账款	99 102.43			77 360.00	21 742.43	
应收账款	581 673.30		267 777.99	82 420.37	767 030.92	
库存商品	93 658.11		202 918.53	202 918.53	93 658.11	
固定资产	94 354.02				94 354.02	
累计折旧				11 526.24		11 526.24
无形资产	10 000.00				10 000.00	
短期借款		50 000.00				50 000.00
应付账款		122 919.62				122 919.62
预收账款		1 073 050.29				1 073 050.29
应付职工薪酬		98 104.14	150 000.0	60 000.00		8 104.14
应交税费		13 014.87	44 531.24	42 148.53		10 632.16
其他应付款		5 279.10				5 279.10
长期借款		200 000.00				200 000.00
实收资本		170 704.60				170 704.60
本年利润			279 513.47	279 513.47		
利润分配	543 334.24		50 643.39		593 977.63	
主营业务收入			224 964.10	224 964.10		
其他业务收入			3 905.98	3 905.98		
主营业务成本			202 918.53	202 918.53		
其他业务成本			1 823.08	1 823.08		
营业税金及附加			805.37	805.37		
销售费用			43 500.00	43 500.00		
管理费用			28 172.79	28 172.79		
财务费用			5.00	5.00		
所得税费用			2 288.70	2 288.70		
合　　计	1 733 072.62	1 733 072.62	1 586 188.54	1 586 188.54	1 652 216.15	1 652 216.15

实训四　练习总账和明细分类账的平行登记

（用“T”型账户代替总分类账和明细分类账）

应交税费　总账

借方			贷方
		期初余额	13 014.87
（1）	5 594.02	（5）	4 688.21
（2）	5 489.40	（8）	129.02
（3）	156.92	（9）	19 324.79
（4）	1 888.89	（17）	12 813.07
（10）	7 267.87	（22）	1 288.80
（11）	836.95	（24）	664.02
（12）	1 913.60	（27）	492.22
（13）	6 974.60	（29）	459.70
（14）	5 854.82	（30）	2 288.70
（15）	1 505.30		
（16）	1 566.29		
（19）	2 382.91		
（20）	309.92		
（21）	2 615.39		
（23）	174.36		
本期发生额	44 531.24	本期发生额	42 148.53
		期末余额	10 632.16

应交税费——应交增值税

借方			贷方
（1）	5 594.02	（5）	4 688.21
（2）	5 489.40	（8）	129.02
（3）	156.92	（9）	19 324.79
（4）	1 888.89	（17）	12 813.07
（10）	7 267.87	（22）	1 288.80
（14）	5 854.82	（24）	664.02
（15）	1 505.30		
（16）	1 566.29		
（19）	2 382.91		
（20）	309.92		
（21）	2 615.39		
（23）	174.36		
本期发生额	34 806.09	本期发生额	38 907.91
		期末余额	4 101.82

应交税费——未交增值税

借方			贷方
		期初余额	10 264.32
（13）	6 974.60		
本期发生额	6 974.60	本期发生额	0
		期末余额	3 289.72

应交税费——应交个人所得税

借方			贷方
		期初余额	1 913.60
（12）	1 913.60		
本期发生额	1 913.60	本期发生额	0
		期末余额	0

应交税费——应交城建税

借方			贷方
		期初余额	488.22
（11）	488.22	（27）	287.13
本期发生额	488.22	本期发生额	287.13
		期末余额	287.13

应交税费——应交教育费附加

借方			贷方
		期初余额	209.24
（11）	209.24	（27）	123.05
本期发生额	209.24	本期发生额	123.05
		期末余额	123.05

应交税费——应交地方教育费附加

借方			贷方
		期初余额	139.49
（11）	139.49	（27）	82.04
本期发生额	139.49	本期发生额	82.04
		期末余额	82.04

应交税费——应交印花税

借方			贷方
		期初余额	0
		（29）	146.55
本期发生额	0	本期发生额	146.55
		期末余额	146.55

借方	应交税费——应交水利基金		贷方
		期初余额 (29)	0 313.15
本期发生额	0	本期发生额 期末余额	313.15 313.15

借方	应交税费——应交所得税		贷方
		期初余额 (30)	0 2 288.70
本期发生额	0	本期发生额 期末余额	2 288.70 2 288.70

实训五　练习编制资产负债表和利润表

本书第80页表5-2答案如下：

利 润 表

(适用执行企业会计准则的一般企业)

纳税人识别号：349502705063466　　所属日期：2014年12月31日

编制单位：马鞍山市联光电源制造厂　　填报日期：2015年1月10日　　单位：元

项　　目	行次	本月数	本年累计数
一、营业收入	1	228 870.08	1 881 258.94
减：营业成本	2	204 741.61	1 818 954.08
营业税金及附加	3	805.37	6 138.83
销售费用	4	43 500.00	43 500.00
管理费用	5	28 172.79	42 251.24
财务费用	6	5.00	5.00
资产减值损失	7		
加：公允价值变动净收益(损失以"－"号填列)	8		
投资收益(损失以"－"号填列)	9		
其中：对联营企业和合营企业的投资收益	10		
二、营业利润	11	−48 354.69	−29 590.21
加：营业外收入	12		
减：营业外支出	13		
其中：非流动资产处置损失	14		
三、利润总额	15	−48 354.69	−29 590.21
减：所得税费用	16	2 288.70	2 288.70
四、净利润	17	−50 643.39	−31 878.91
五、每股收益	18		
(一)基本每股收益	19		
(二)稀释每股收益	20		